米莱知识宇宙

了不起的中国工程成就

米莱童书 著/绘

北京理工大学出版社
BEIJING INSTITUTE OF TECHNOLOGY PRESS

推荐序

你好，欢迎翻开《启航吧，知识号：了不起的中国工程成就》，我是这本书的作者，想在你正式开始阅读之前和你聊聊天。

近些年，中国发展得越来越快、越来越好，在各个领域都取得了领先于世界的成果，尤其是科学技术领域。当下的时代是科技的时代，掌握科技对一个国家意义重大。就拿空间站来说，在中国空间站建成之前，国际空间站的建造和使用一直被欧美国家把控，中国人如果想去太空做个实验，要先经过其他国家的允许，特别被动。但在太空环境中进行科研，是当下科学界不可或缺的一部分，这不是与某个单一领域相关，而是与生物、医学、化学、物理等众多领域密切相关。“一步退，步步退”，如果我们无法早日利用空间站搞科研，就会逐渐落后于其他国家，时间久了，在国际上会失去话语权，甚至连保持民族独立和国土完整都成问题。因此，中国潜心研究 30 年，按着自己的步调“三步走”，终于成功建成了中国载人空间站“天宫”。如今，“天宫”已经迎来了几轮中国航天员的轮换，中国人在太空中进行科研项目再也不用受制于人。预计几年后，国际空间站就会退役，到那时，“天宫”将成为太空中唯一服役的空间站。而且，“天宫”面向全世界开放，将对全人类的发展做出不可替代的贡献。

与空间站类似，中国在其他领域同样成绩斐然：建成了全世界单口径最大的射电望远镜——“天眼”，开启人类观测宇宙新纪元；在全国普及高铁，便利了 14 亿人的出行，同时极大促进了区域经济的发展；成功研制出了特高压输电技术，完成了宏大的“西电东送”工程……毫无疑问，这些工程的价值不可估量。

这些工程有的让我们的生活变得更好，有的承载了人类对于科学发展的期望，想想就让人热血澎湃，恨不得撸起袖子参与其中，为建造更美好的生活出一把力。

咦，等等，要怎么参与呢?

不要着急，我们这本《启航吧，知识号：了不起的中国工程成就》科普漫画正是要告诉你，雄心壮志是如何一步步实现的。这本书不但能让你知道这些工程的名字，还能让你能够像了解一个好朋友那样去了解它们怎样出生、怎样被添加更多的技能（就像你慢慢学会了说话、走路……）、怎样克服各种建造上的困难（就像你好不容易解出了一道数学题）、怎样达到全球领先的位置！如果你心怀航海的梦想，你就要先见过最坚固的船、最猛烈的风暴，以及最遥远的彼岸。唯有一步步“见到”，才能亲自抵达。

除了对知识的准确讲解，漫画故事还要保证有趣，因为感到有趣和好玩，从来都是吸引人做一件事的最强驱动力。为此，漫画里加入了一些创新的尝试——让每个角色都“活起来”，与正在读书的你进行互动。你会遇到各种想认识你的工程朋友，至于到底要怎么和这些朋友打交道，就由你之后亲自去看看啦！

当下中国的崛起是有目共睹的，这离不开每一位迎难而上的科学家，也离不开每一位辛勤工作的普通人，更离不开未来可期的你。希望这套书能让你在感到有趣的同时，收获满满的知识，打开未来人生的新起点！

米莱知识宇宙

目录

连接大地的桥梁

专家审读 杜二虎　河海大学水科学研究院 教授

高速铁路再快点

专家审读 张新生 中国铁路总公司教授级高级工程师

电世界的超能力

专家审读 肖仕武　华北电力大学硕士生导师，副教授

1

连接大地的桥梁

造桥大师

离开这个奇怪的大师

哎——别急着走啊！你先了解一下再走也不迟嘛！
桥大师招生啦！

桥大师招生啦！
桥大师
咳咳……我先自我介绍一下。

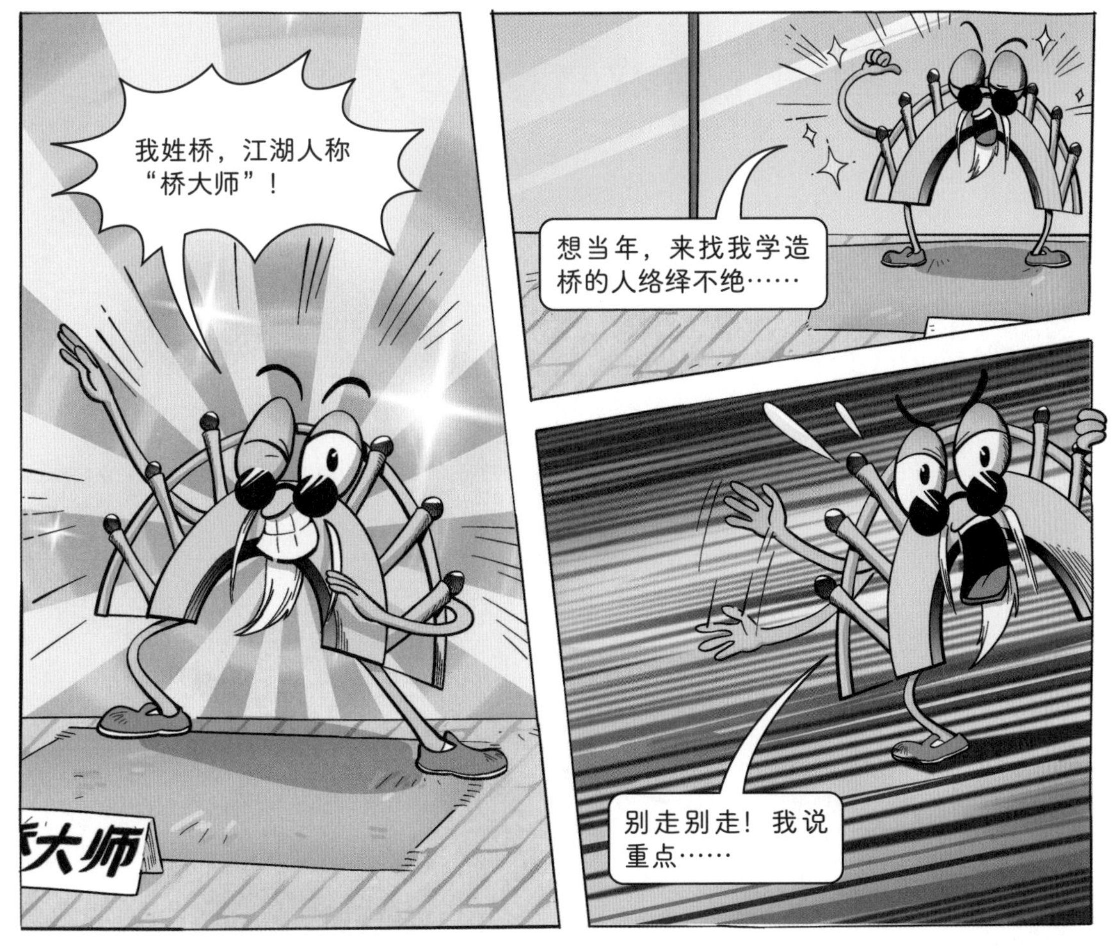
我姓桥，江湖人称“桥大师”！
大师
想当年，来找我学造桥的人络绎不绝……
别走别走！我说重点……

为什么中国需要造桥？

你有没有想过，为什么中国需要造桥？
桥大师
中国的陆地类型多样，各类型的占比分别约为：山地33%，高原26%，盆地 19%，平原 12%，丘陵 10%。
这些地方河流众多，流域面积超过 1000 平方千米的河流就有 2000 多条……
这些山地、丘陵和高原本身就给交通运输带来了很多困难，再加上河流的阻隔，没有桥寸步难行！
啪

到时候，无论是亲人、朋友见面，还是货物运输，都没法实现了！
桥大师
和你有什么关系？
你想想，要是你想去游乐场，却被家门口的河挡住了去路，只能绕远路走 3 小时，你难不难受？要是货车无法通行，你买的玩具送不到家，你郁不郁闷？
所以说，桥可以克服地形障碍，连通原本被阻隔的两地，这是非常重要的。
桥大师
桥有着悠久的历史。早在远古时代，为了连接水路、方便通行，人们就已经建造了许多简易的木桥和石桥。

文人雅士更希望建造一些美观的、有文化意蕴的桥，可以赏玩，所以中国有不少这种类型的桥。
青山隐隐水迢迢，秋尽江南草未凋。二十四桥明月夜，玉人何处教吹箫。
不过，说到底，桥最重要的功能还是连接、通行。对于现代人来说，桥可以把两个城市连在一起，方便城市之间的合作和发展。
作为水陆交通的连接点，桥的周边很容易形成集市，促进当地经济的发展。有审美、文化、历史意义的桥还会作为景观带动当地旅游业发展……
正是这样一座又一座的桥，跨越山川河流，把全中国连通起来。就算是你习以为常的家门口的小桥，也是连通全中国不可或缺的一部分！

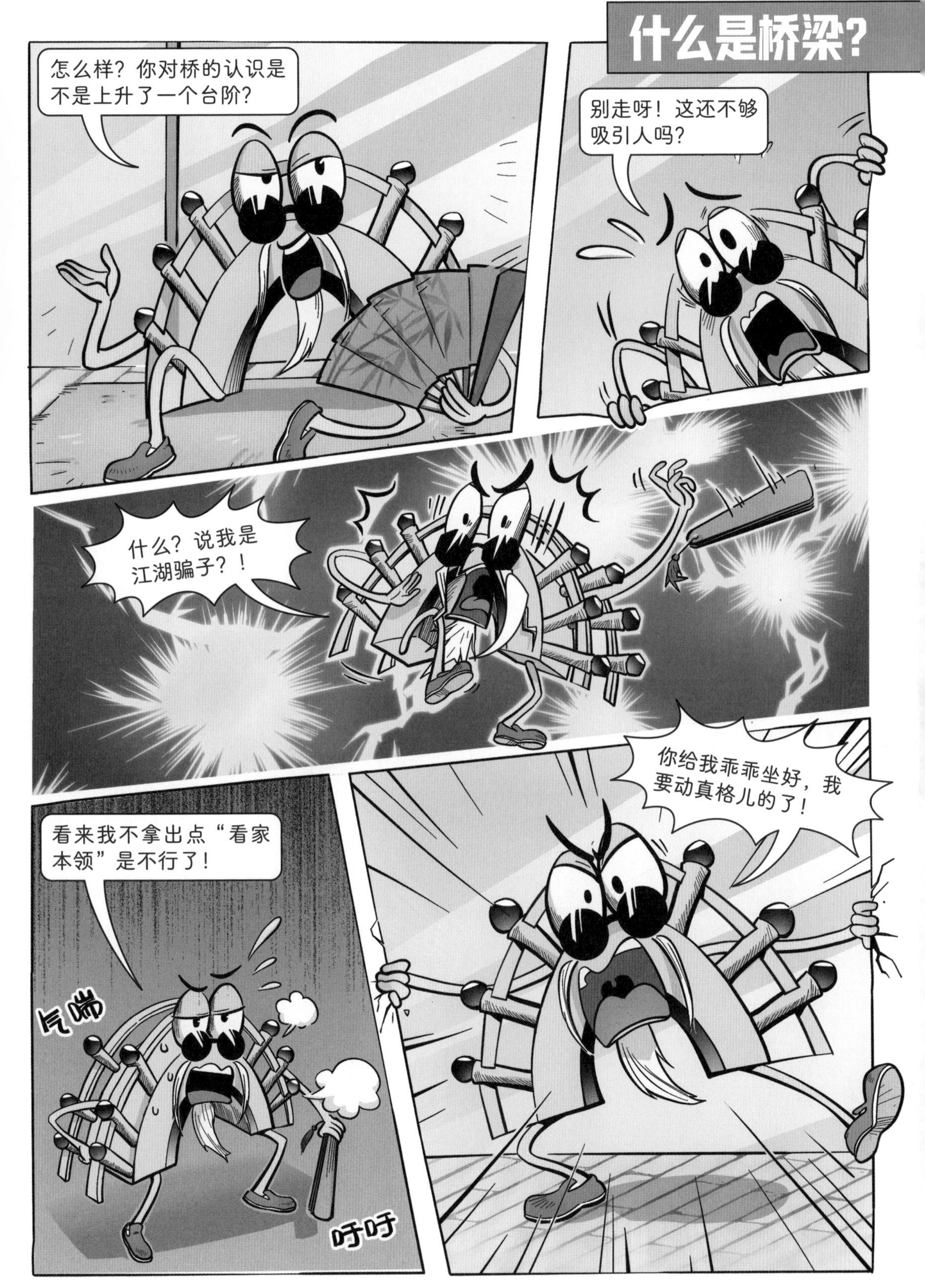
怎么样？你对桥的认识是不是上升了一个台阶？
别走呀！这还不够吸引人吗？
什么？说我是江湖骗子？！
看来我不拿出点“看家本领”是不行了！
气喘
吁吁
你给我乖乖坐好，我要动真格儿的了！

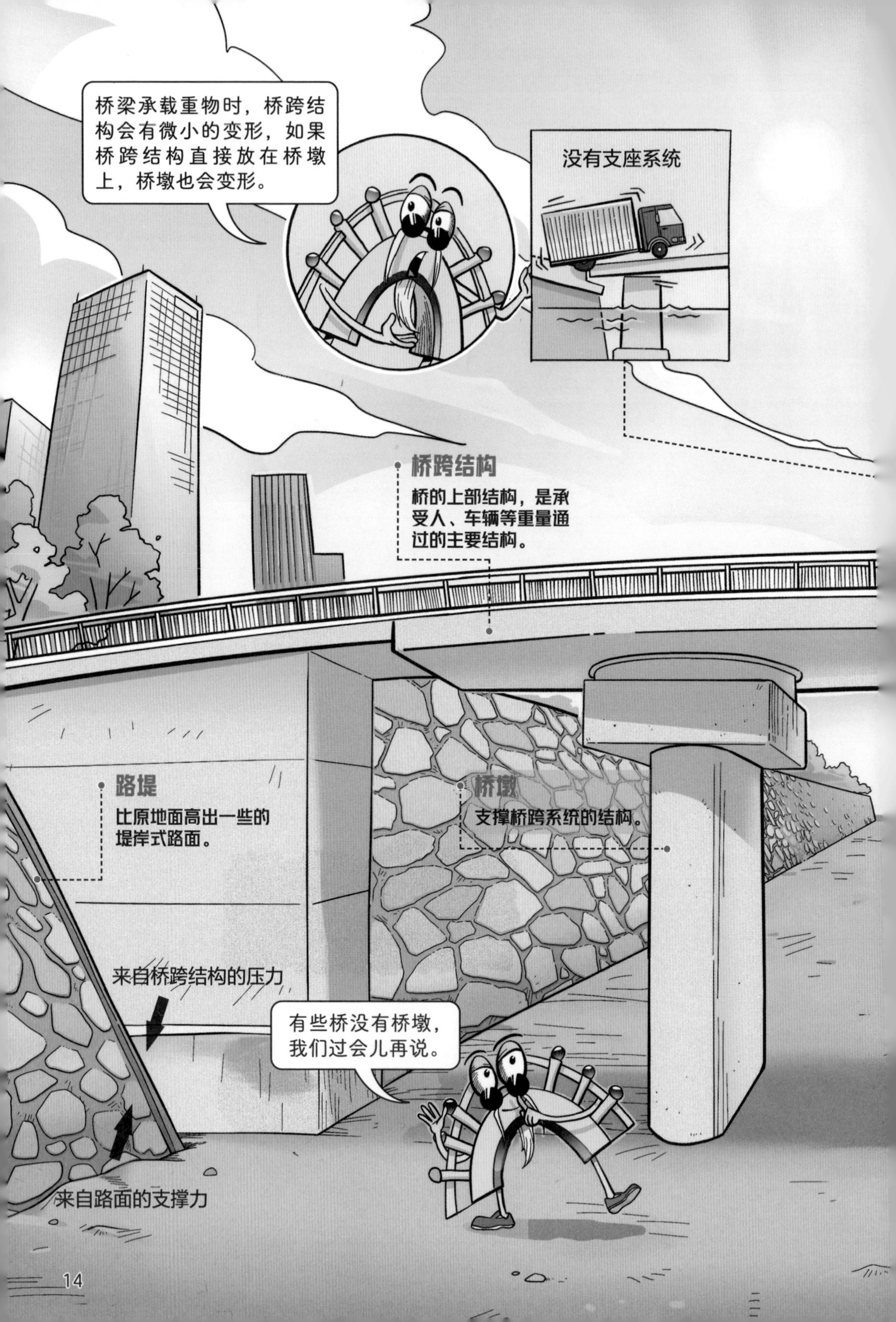
桥梁承载重物时，桥跨结构会有微小的变形，如果桥跨结构直接放在桥墩上，桥墩也会变形。
没有支座系统
桥跨结构
桥的上部结构，是承受人、车辆等重量通过的主要结构。
路堤
比原地面高出一些的堤岸式路面。
桥墩
支撑桥跨系统的结构。
来自桥跨结构的压力
来自路面的支撑力
有些桥没有桥墩，我们过会儿再说。

有支座系统
但在桥跨结构和桥墩之间加入支座系统，就能保证桥墩不变形，提高桥墩的稳定性和使用寿命。
桥台
位于桥梁两端，支撑桥梁上部结构并和路堤相衔接。
锥形护坡
挡土墙
桥台连接着桥与地面，同时承受着两面的力量，桥台两侧通常会建造一些防护工程，比如锥形护坡、挡土墙。
支座系统
置于桥跨结构和桥墩之间，由特殊材料制成，不易变形。

怎么样？现在相信我
真是大师了吧？
桥大师

你还要走？！

……

咻咻—
桥大师
那你走吧！

桥大师招生啦！
哎呀，这么宽的河，你可怎么走呢？
咻咻
要是有一座桥就好了！
你得拜我为师，跟我学造桥！
咳咳，我当然可以帮你造桥，但我有个条件。
桥大师
拜桥大师为师

一座简单的桥

徒弟，你看，这条河其实不算太宽，而且也不会有什么重型卡车经过，所以为师认为，最合适的桥只有一种……
桥大师
钢筋混凝土梁桥！

梁桥就是主要用梁承重的桥，结构简单，但可以实现桥的基本功能。
桥面板

建造一个物体需要考虑它的材料，那么，我为什么选择用钢筋混凝土而不是别的建筑材料呢？
石
沙
水
水泥
回答这个问题之前，你需要先知道混凝土是什么。
哗啦
哗啦
混凝土是用沙、石、水、水泥按照一定比例混合搅拌而成的建筑材料，是世界上使用量最大的建筑材料，你家的房子也是由这种材料建成的。
混凝土搅拌机
梁
负责承托桥面板，桥上的车辆、行人的重量也会压在梁上。

桥大师招生啦！
钢筋混凝土就是在混凝土中加入了钢材，在混凝土凝固后，就会变成这样。
桥大师
钢材就像是混凝土的骨架，能让整体更加结实，不容易变形。
如果单用混凝土，坚固度不足，桥是建不成的。
如果全用钢材，造价太高，我早就破产了……
控制预算也是造桥的一大课题呢！

桥大师
认证弟子
好了，既然你已经是我的徒弟了，我就把“神通”收了。
收！
桥大师
收好了，这是刚给你上完的第一课！
第一课
梁桥——以梁为主要承重部件的桥
材料搜集难度 ★☆☆☆☆
造价花费数额 ★☆☆☆☆
技术含量 ★☆☆☆☆
桥梁跨度 ★★☆☆☆
承重水平 ★★☆☆☆
适合环境 预算较少、河流不宽、不频繁通行大型车辆。

连接悬崖峭壁

既然你是我“官方认证”过的徒弟了，那就需要正式跟我走南闯北，开启造桥生涯！
你可不要小瞧了桥的重要性，真到了道路不通的地方，还是得靠桥！
几天后。
我说什么来着，道路不通的地方到了！

徒弟，现在到了考验你的时候了，咱们得通过这个悬崖，你来造一座桥吧！
你就别推辞了，你看，对面的小动物也希望有座桥能通行呢！

当然了，我作为师父，还是会给你提供必要的帮助的。

首先，我们来分析一下现在的环境！

好几百米高的悬崖，崖底是湍急的河流，这种情况肯定是无法建造桥墩的，因为急流很容易破坏桥墩。
况且，别忘了预算问题，在这里建造好几百米高的桥墩，实在是太贵了！
排除桥墩之后，我们就得到了一个答案——拱桥！
普通桥
普通的桥会产生向下的重力，所以需要桥墩支撑。
拱桥
拱桥的拱形可以把原本向下的力量转换为斜向两边的力，不需要桥墩，但对两边堤岸的坚固程度的要求更高。
拱桥就是以拱作为主要承重结构的桥。

不信的话，你可以做个实验！
把一张纸条弯折成拱形，然后想办法维持这种形状！
没错，根据拱桥的原理，最简单的办法就是用两只手分别按住纸条的两端。
当然了，时代在发展，拱桥在进步，接下来我要带你见识一下现代拱桥。

拱桥——以拱为主要承重部件的桥
材料搜集难度 ★☆☆☆☆
造价花费数额 ★☆☆☆☆
技术含量 ★★★☆☆
桥梁跨度 ★★☆☆☆
承重水平 ★★☆☆☆
适合环境 预算较少、河流湍急、不适合建造桥墩。

把拱桥与梁桥的梁结合起来，就可以变成现代拱桥。
拱桥与梁的组合有很多种，最常见的有两种。
这种桥的拱在上面，可以用拱的力量把梁拉起来。
这种桥的拱在下面，用拱的力量举着梁。
不过，无论是哪种桥，都需要特别扎实的桥台来承受拱的力。

快，把你构思好的桥画上来吧！
请设计好桥梁后翻页

完成得真不错，小动物也很高兴呢！
说起动物，有个冷知识可以分享给你。
传说中的鹊桥也是拱桥哦！

去往一座小岛
几天后。
哎呀，这下难办了，到处都是海，没有路了啊！
没办法了，徒弟，这里只能你出马了。
考虑到海面那么宽广，首先排除梁桥。梁桥的桥墩与桥墩之间的梁没有支撑，十分脆弱，我们也不可能在桥下铺满桥墩，那样成本太高，所以梁桥无法建得太长。
拱桥也不行，这么宽的海面，我们得建造出“巨无霸”级别的拱，先不说能不能实现，就算真的能建，估计还得付出破产的代价……
所以，咱们要建另一种桥——斜拉桥！

斜拉桥指的是用许多
连接桥塔的钢缆把梁
直接拉起来的桥。
梁
就是桥面。
桥塔
稳稳地插进地
下，能够承受
斜拉索带来的
斜向下的力。
这里是斜拉桥
的基本信息。

钢缆
就是斜拉索，一边连接桥塔，一边连接梁，利用稳稳的桥塔把梁拉起来。
斜拉桥没有桥墩，最脆弱的部分由两边的钢缆拉着，保证了桥面稳固，不会变形。
只要桥塔足够牢固，钢索足够结实，斜拉桥就能建得很长。
斜拉桥——由许多连接桥塔的钢缆把梁拉起来的桥，以斜拉钢缆为主要承重部件。
材料搜集难度 ★★★☆☆
造价花费数额 ★★★☆☆
技术含量 ★★★★☆
桥梁跨度 ★★★★☆
承重水平 ★★★★★
适合环境 需要较大桥梁跨度（一般不超过1000米）。

来吧，画出你设
计的斜拉桥吧!
请设计好桥梁后翻页

看来小岛上的居
民对你建造的大
桥很满意呀！

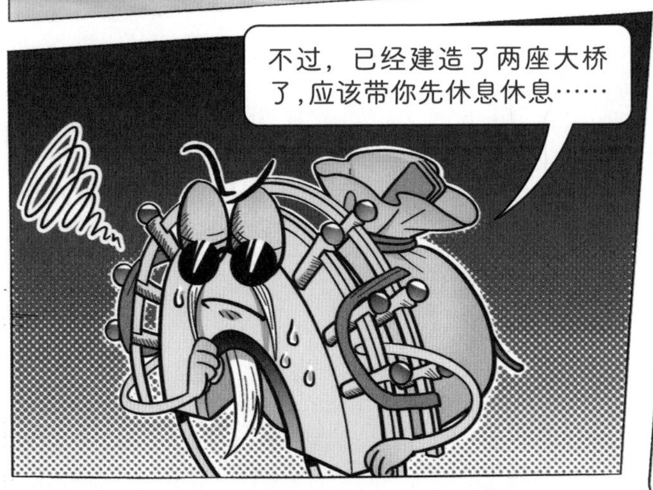
不过，已经建造了两座大桥
了，应该带你先休息休息……

这回带你去个
好地方！

有了！

吊桥也要与时俱进

说好的带你出来玩，
我就得让你玩痛快！
别怕，这次不用你造桥了，
而是我桥大师亲自出马！
让我想想，这里
风景这么好，不
如配合一下，建
一座应景的……
吊桥！
吹气，给桥大师一个“惊喜”

太晃了吧！救命！
都21世纪了，用传统吊桥确实有点离谱……
哈哈
我还是换成现代吊桥——悬索桥吧！
走你！
咻咻咻
悬索桥——由许多悬索把梁吊起来的桥，以桥塔为主要承重部件
材料搜集难度 ★★★☆☆
造价花费数额 ★★★☆☆
技术含量 ★★★★☆
桥梁跨度 ★★★★★
承重水平 ★★★★☆
适合环境 崇山峻岭中，需要很大的桥梁跨度。

桥塔
桥塔一般有2个，用于安装主缆。
主缆
负责悬挂吊索。
所以，大部分铁路桥还是斜拉桥和梁桥。
吊索
把梁吊起来。
梁
就是桥面。
因为桥是被吊起来的，所以容易受大风影响，虽然不会像古代吊桥那样晃动，但大风对悬索桥也是一种考验！
悬索桥的基本原理和古代吊桥是一样的，都是通过一些结构把桥吊起来，所以不需要桥墩。

呼——想应景还真是不容易啊！
你跟我跑了这么多地方，应该已经学到不少东西了。
你也看到了，我年纪大了，有时候会有点力不从心，你得早点儿接过我的担子啊！
看来，是时候对你进行一番考核了！

最后的考核

这里就是你的考场！

咱们中国的造桥技术越来越好了……
考核如果没点儿难度，可就有点儿跟不上时代了。

来吧，请你根据情况建造一座跨海大桥，向大海发起挑战！
当然了，我不会让你“打无准备之仗”的，下一页就给你讲案例！

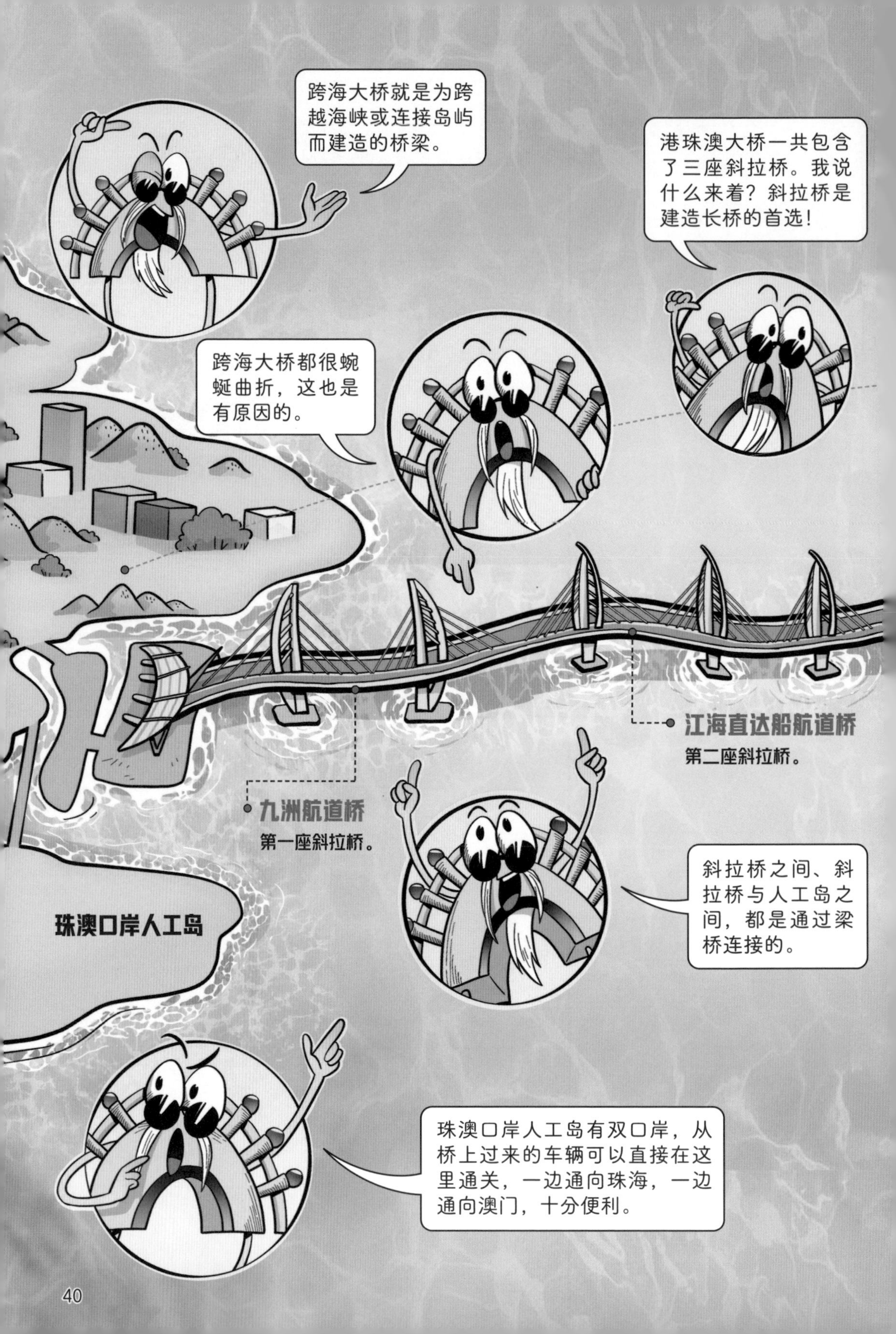
跨海大桥就是为跨越海峡或连接岛屿而建造的桥梁。
港珠澳大桥一共包含了三座斜拉桥。我说什么来着？斜拉桥是建造长桥的首选！
跨海大桥都很蜿蜒曲折，这也是有原因的。
江海直达船航道桥
第二座斜拉桥。
九洲航道桥
第一座斜拉桥。
斜拉桥之间、斜拉桥与人工岛之间，都是通过梁桥连接的。
珠澳口岸人工岛
珠澳口岸人工岛有双口岸，从桥上过来的车辆可以直接在这里通关，一边通向珠海，一边通向澳门，十分便利。

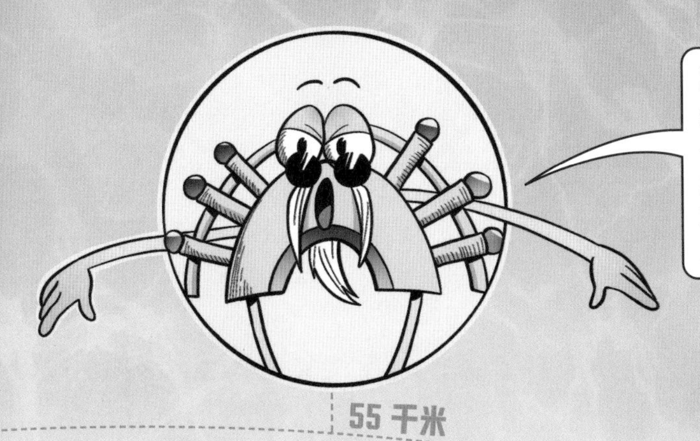

港珠澳大桥总长度约55千米，是世界最长的跨海大桥，也是粤港澳[1]三地首次合作共建的超大型跨海交通工程，建设这座大桥就是为了促进三地的沟通交流和经济发展。

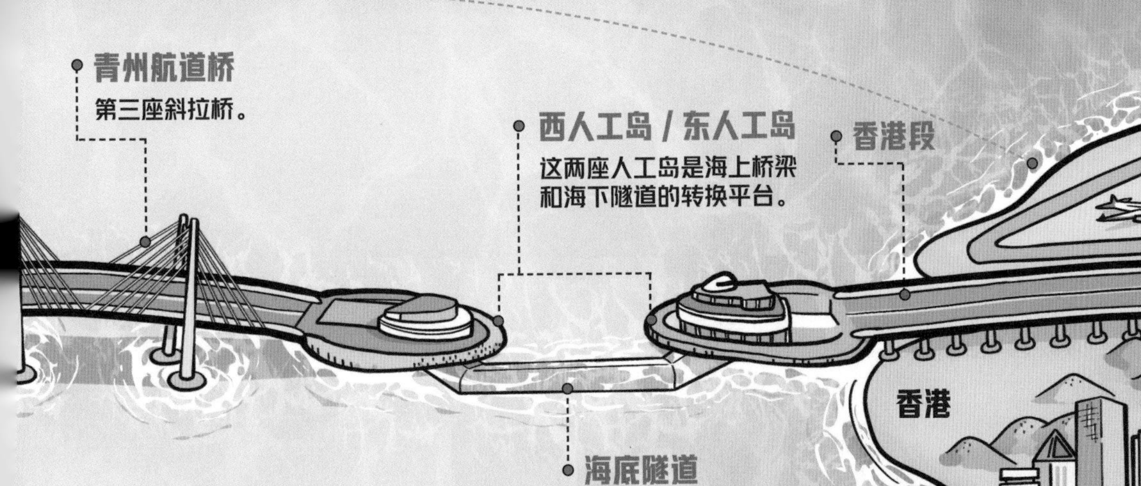

这里的海面十分忙碌，经常有大型邮轮航行，如果建桥，需要使桥面距离海面很高，但这里临近香港国际机场，太高的桥会妨碍飞机飞行，而海底隧道既不影响邮轮航行，也不影响飞机飞行，一举两得！

港珠澳大桥被誉为“奇迹之桥”，因为它创造了很多世界之最，世界上里程最长、设计使用寿命最长、钢结构最大、施工难度最大、沉管隧道最长、技术含量最高、科学专利和投资金额最多……

[1] 粤港澳分别为广东省、香港特别行政区、澳门特别行政区。

哎——你
别走啊！
我可没和你
开玩笑！
中国有很多距离比较远的岛，也
有台湾海峡、琼州海峡、渤海海
峡等很多海峡，这些都需要跨海
大桥的连接，所以我出的题非常
有建设性！

其实答案都在我前面讲
过的内容里，再参照港
珠澳大桥的建设，我相
信你可以做到！

画出你设计的
跨海大桥吧！
请设计好桥梁后翻页

哇！你做到了！
你真的做到了……呜呜……不愧是我的弟子……呜呜……
我一开始就知道你很有天赋……呜呜……
我太开心了，上一次这么开心还是在看到中国桥梁成绩单的时候！

中国桥梁成绩单

姓名	北盘江第一桥
籍贯	云南省－贵州省
称号	世界上最高的桥
特长	桥面到江面垂直高度 565 米

565 米

姓名	丹昆特大桥
籍贯	江苏省
称号	世界上最长的桥
特长	桥梁长度为 164851 米

164851 米

姓名	杨泗港长江大桥
籍贯	湖北省
称号	世界最大跨度双层公路悬索桥
特长	桥梁总长度为 4317.8 米

4317.8 米

姓名	沪苏通长江公铁大桥
籍贯	江苏省
称号	世界首座跨度超千米公铁两用斜拉桥
特长	桥梁最大跨度为 1092 米

1092 米

这么看来，现在的桥和过去的桥真是有天壤之别啊！
古代梁桥大多是石头建造的，现代梁桥最起码也会用钢筋混凝土，不缺经费的话，大把的钢材都会用上，长度和坚固度都提升了不止一个等级！
古代梁桥

古代拱桥凝结了劳动人民的智慧，现代拱桥更像是团结建设的成果，比较长的拱桥一点儿都不罕见，后来与梁桥的结合更是使拱桥的适用范围扩大了不少。

古代拱桥

古代吊桥材料简易，迎风就晃，走起来非常危险，现代悬索桥非常坚固，车辆也能畅通无阻，很多悬索桥还是城市主干道的一部分呢！

古代吊桥

现代梁桥

现代拱桥

现代吊桥
后来人们还把各种桥梁进行组合和创造，建造出了堪比奇迹的跨海大桥！

未来的桥梁

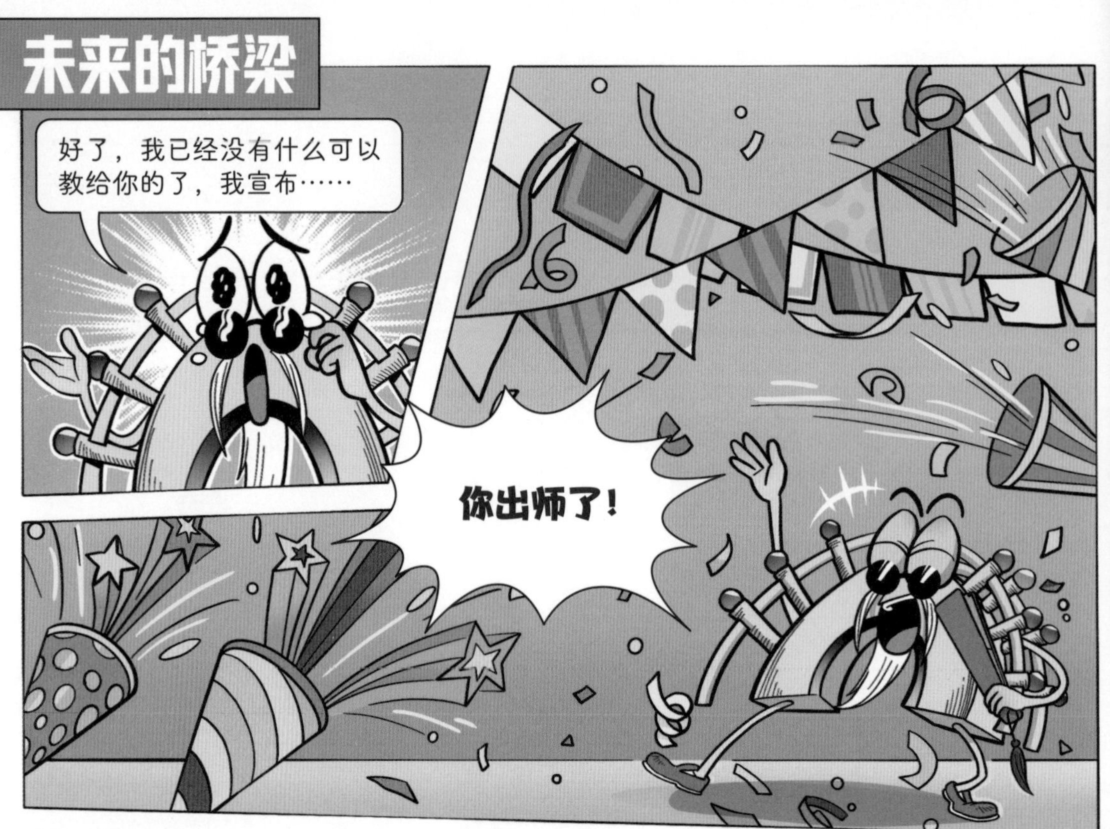
好了，我已经没有什么可以教给你的了，我宣布……
你出师了！

你出色地完成了每一次任务，以后一定大有可为。
说不定，你还能改写桥梁的历史，建造出“不可能造出的桥”呢！

宇宙星际大桥！

如何成为一名桥梁工程师
等一下！别急着走！
虽然顺利从我这里出师了，但你现在可还不是合格的桥梁工程师。
要想真正被市场认可，你还需要通过国家举办的工程师资格考试。
工程师资格考试
港口航道与海岸工程
桥梁工程
地质勘探
环境工程
水利水电工程
土木工程
工程力学
虽说这场考试对报名人的专业没有要求，但学习跟建筑相关的专业能使你通过的可能性大大提高。

有些学校的建筑专业很强，等你报考大学的时候可以提前查一查。
当然了，通过考试只是一方面……
真正的桥梁工程师需要实际参与桥梁的建造项目。
你还可以自己设计建造桥梁！
怎么样？准备好和我并肩作战了吗？

中国桥梁发展史
秦汉时期
我国已经广泛修建石梁桥。
1059 年
福建泉州的万安桥建成。
世界上现存最长、工程最艰巨的石梁桥
隋朝
赵州桥建成，这座桥由工匠李春设计建造，又名安济桥。
世界上最古老、完好的大跨度石拱桥
1937 年
钱塘江大桥通车。
我国第一座现代桥梁
1957 年
武汉长江大桥竣工，这是长江上的第一座铁路、公路两用桥，被称为“万里长江第一桥”。
1968 年
南京长江大桥建成。
第一座完全由中国设计建造并基本采用国产材料的特大型桥梁

1975 年 云阳汤溪河桥建成。**我国第一座试验性的公路斜拉桥**

1977 年 湘桂铁路红水河大桥建成。**我国第一座铁路斜拉桥**

1995 年 广东汕头海湾大桥建成。**我国第一座现代化悬索桥**

1999 年 江苏江阴长江大桥建成，主跨 1385 米，我国桥梁跨度第一次突破了千米级别。

2005 年 东海大桥开通。**我国第一座跨海大桥**

2014 年 横跨多瑙河的泽蒙－博尔察大桥建成通车，这是中国企业在欧洲承建的首个大桥工程，成为一道横跨多瑙河的风景。

2018 年 港珠澳大桥通车，拥有全世界最长的沉管隧道。

世界跨海距离最长的桥隧组合公路

致读者的信

这位读者，你好呀!

在自我介绍之前，我想先问问：你是谁？请注意，我可不是在问你的名字，而是在问你的身份、你的角色……那么，你是谁？

我听说，孩童是想象力最旺盛的群体。不知道你有没有想过，如果你不是现在的你，你的生活会发生什么变化？想象一下，如果你是一位“传说之人”的徒弟，或是抽中了“高铁一日游”的幸运读者，或是能进入电能世界的旅行者，你会有什么新奇的经历？一时想不出来也没关系，不如带上这些问题，和我在书里一起继续寻找答案吧。

走吧，跟我进入一个截然不同的新世界，展开一段妙趣横生的精神旅行吧!

你的神秘新朋友

2

高速铁路再快点

带你去旅行

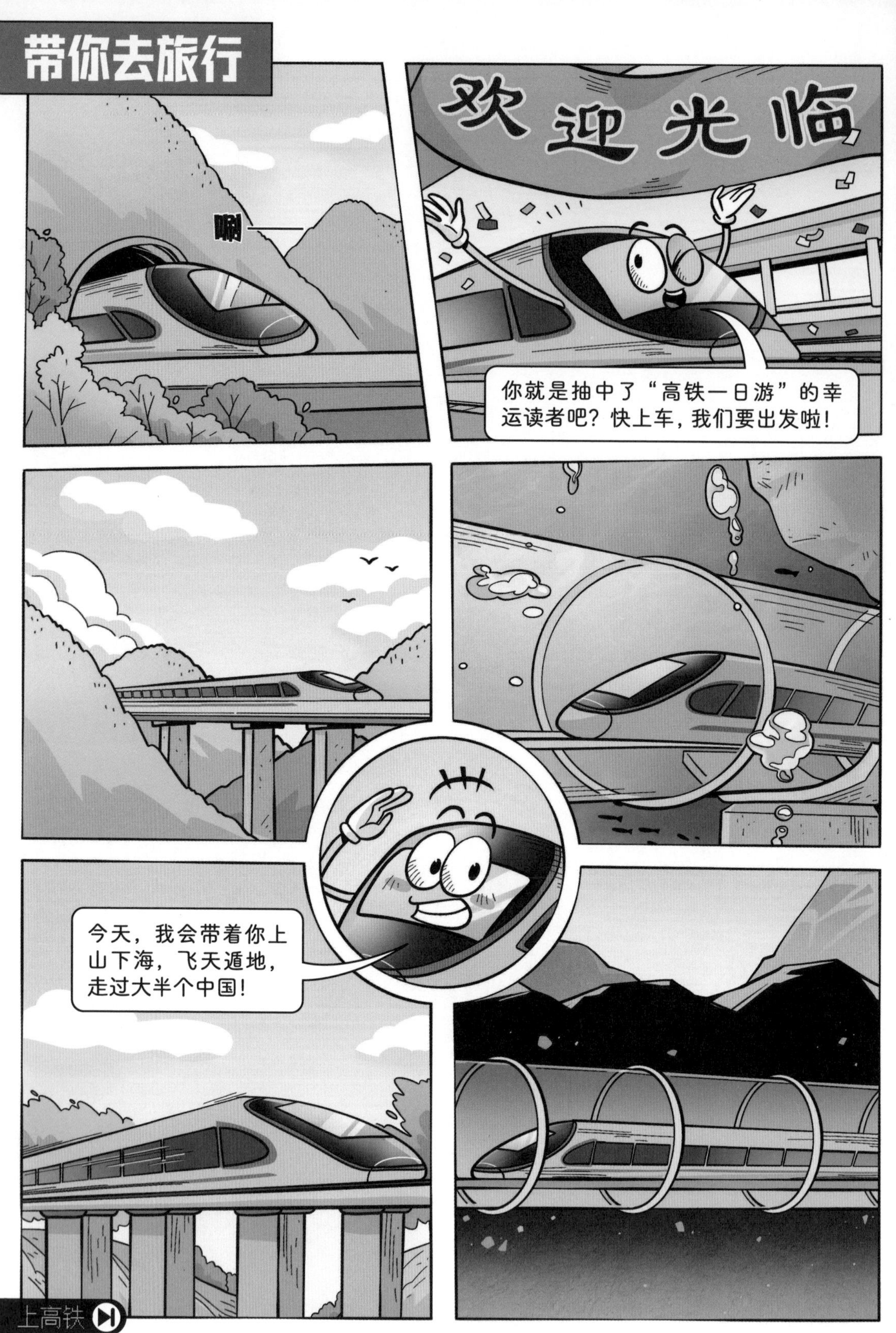
欢迎光临
唰——
你就是抽中了“高铁一日游”的幸运读者吧？快上车，我们要出发啦！
今天，我会带着你上山下海，飞天遁地，走过大半个中国！

在大地上飞驰
不必怀疑，一天的时间足够了。我国将高速列车定义为时速200千米以上的客运列车，而我是高速列车中的尖子生“复兴号”，时速能达到350千米！
人类的百米最好成绩是9.58秒，换算一下，时速为37.58千米。而我的速度接近他的10倍，现在你能理解我有多快了吧？
1
速度越快，空气阻力越大，你在生活中也一定有这种体验。
5
而我的一生都在与空气阻力搏斗。空气阻力占到全部阻力的95%。
嘶嘶——

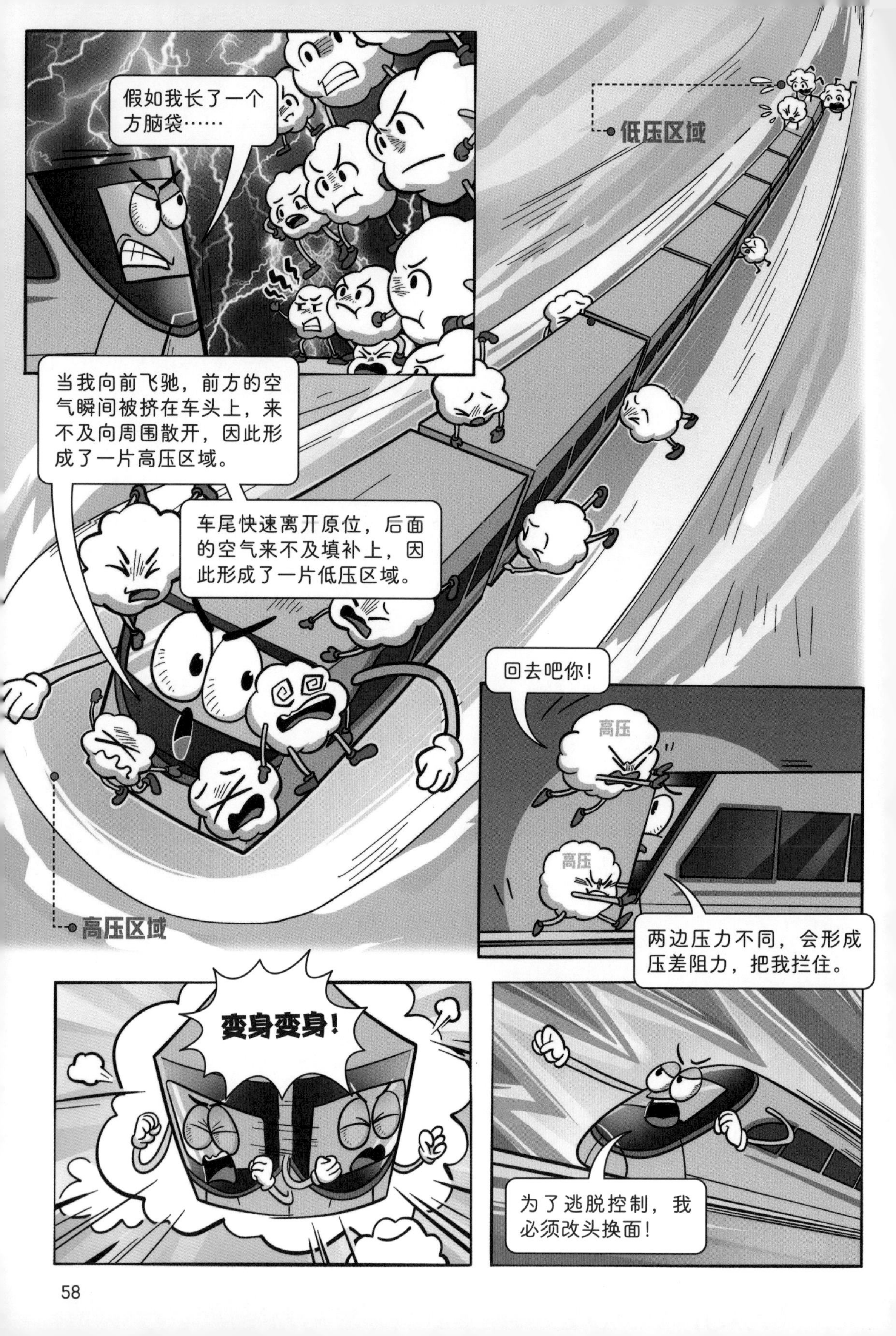
假如我长了一个方脑袋……
低压区域
当我向前飞驰，前方的空气瞬间被挤在车头上，来不及向周围散开，因此形成了一片高压区域。
车尾快速离开原位，后面的空气来不及填补上，因此形成了一片低压区域。
高压区域
回去吧你！
高压
高压
两边压力不同，会形成压差阻力，把我拦住。
变身变身！
为了逃脱控制，我必须改头换面！

子弹形的车头能够在一瞬间压缩更少的空气，同时子弹形的车尾也能腾出更少体积，方便周围空气迅速补充，使前后压力迅速平衡。
哇呜！
要是没有空气就好了，没有了空气，简直不敢想象我能有多快！
啊，对不起……我忘记你是人类了！没有空气的话，人类就无法生存。那不行……我还得靠人类给我发电呢。

别生气！人类就是我的衣食父母，我对人类十分尊敬。
你看，我头上的接触网就是人类建造的，这也是我的电能来源，随用随取，特别方便。

坚固的接触网被小鸟视为理想的筑巢地，但鸟巢里的铁丝可能导致接触网短路。每年，全国高铁线要清理超过20万个鸟巢。
带你来看看我的供电系统。
回流线
电流经过高速列车，将高速列车驱动，再经过铁轨和回流线流回到变电所。
接触网
由许多金属导线组成。铁路有多长，接触网就有多长，它担负着向高速列车直接输送电能的使命。

变电所
负责接收发电站送来的电能，
并传递到接触网。
受电弓
是把电能从接触网
引到高速列车的设
备，安装在高速列车
车顶上。
这个是钢轨。
接触网跟车顶的距离不可能做到一
直不变，因此受电弓的上框架和下
臂杆之间靠轴连接，能够调整距离。

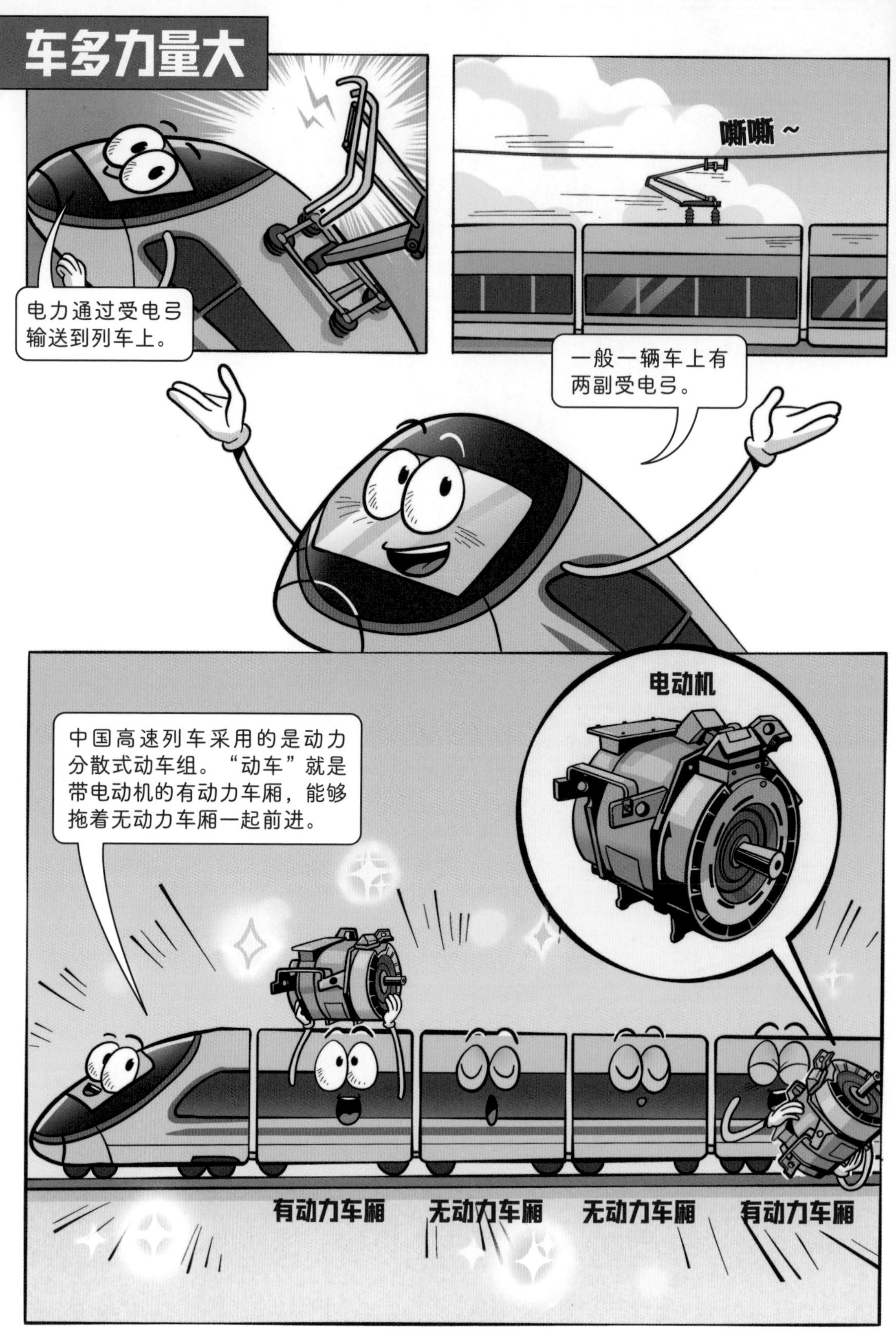
车多力量大
电力通过受电弓
输送到列车上。
嘶嘶～
一般一辆车上有
两副受电弓。
中国高速列车采用的是动力
分散式动车组。“动车”就是
带电动机的有动力车厢，能够
拖着无动力车厢一起前进。
电动机
有动力车厢
无动力车厢
无动力车厢
有动力车厢

完美的乘客体验
年轻人，我知道你在担忧什么！
砰
你是在担心这个吧！
呕～
不用担心，那些危险的事情都不会发生。
你看看，我很稳的，保证给你舒适体验。
接下来为你展示保持稳定的两大法宝！

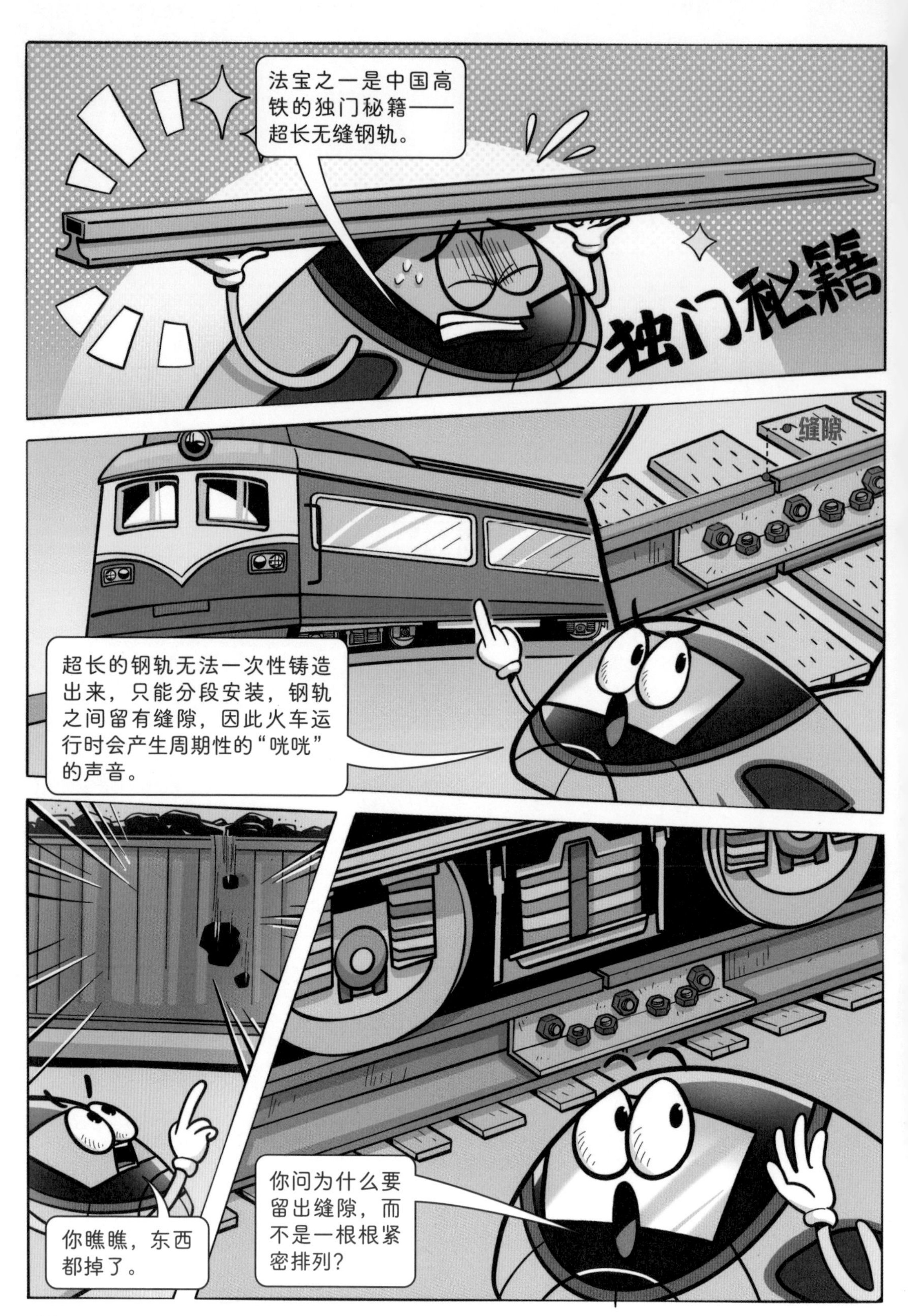
法宝之一是中国高铁的独门秘籍——超长无缝钢轨。
独门秘籍
缝隙
超长的钢轨无法一次性铸造出来，只能分段安装，钢轨之间留有缝隙，因此火车运行时会产生周期性的“咣咣”的声音。
你瞧瞧，东西都掉了。
你问为什么要留出缝隙，而不是一根根紧密排列？

冬天温度降低，温度计里的液体遇冷收缩，因此液柱短。

夏天天气炎热，液体受热膨胀，液柱升高。

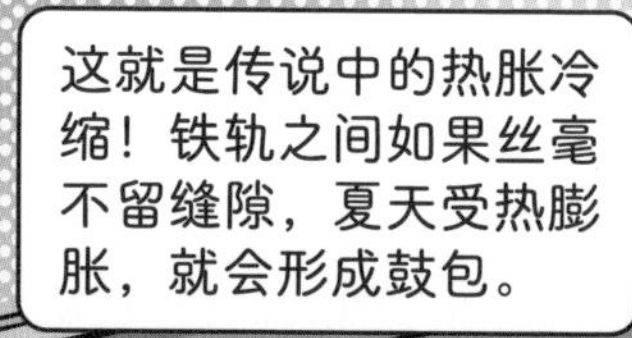
这就是传说中的热胀冷缩！铁轨之间如果丝毫不留缝隙，夏天受热膨胀，就会形成鼓包。

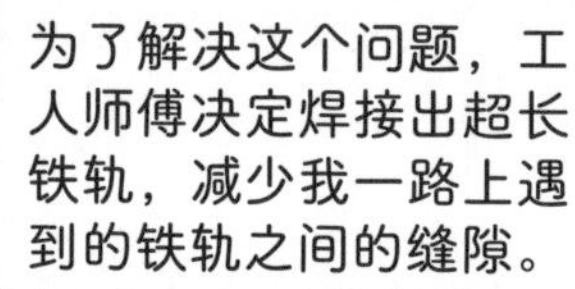
为了解决这个问题，工人师傅决定焊接出超长铁轨，减少我一路上遇到的铁轨之间的缝隙。

焊头的最高熔点温度超过 1000 摄氏度，人类无法近身。因此，焊接过程必须使用电脑远程操作，要求上下偏差不超过 0.3 毫米，左右偏差不超过 0.2 毫米。

轰轰~
但中国工匠做到了！
超长无缝钢轨焊接技术解决的问题是稳定性，热胀冷缩的问题则并未消除。
什么是热胀冷缩呢？听我给你细细道来。
世间万物都由肉眼看不见的粒子组成，它们并不是完全静止的，而是在时刻不停地运动。

温度升高，粒子感到燥热，不想挨在一起，就会更加无序地运动。
温度降低，粒子简直要被冻僵,则会安静下来，抱团取暖。
这就是热胀冷缩的原理。绝大多数物质都逃不开这一规律，只是程度大小的问题。
给番茄去皮前要用热水先烫一下，也是利用了热胀冷缩的原理。番茄果肉比外皮更容易受热膨胀，外皮就会被撑裂。

为了克服热胀冷缩，铁路工程师发明了专用的扣件对钢轨进行约束。
动……动不了了！
这种专用扣件，就像铁轨的扣子，把铁轨扣在轨道板上。

接下来是第二件法宝。
你见没见过这种情况？两个车组连在一起，叫作重连车组，能够使车厢数目翻倍，一次性运送更多旅客。
是什么让它们紧密相连？
是高速列车守护神——车钩缓冲装置。
每一节车厢都是这样连接起来的。

SOS!
楼房着火时，高层的人想要逃生，直接跳下来一定会受到伤害。
而有了铺在地上的垫子，就能够把大部分撞击的力量化解掉。这就是“缓冲”的含义。
托板
橡胶片
纵销
缓冲器框体
橡胶衬垫
稳稳当当
车钩缓冲装置里面装有材质柔软的缓冲器，相当于“垫子”，吸收了车厢的冲击力。
现在你相信我了吧！高速列车平稳又安全。

谁在驾驶高速列车？

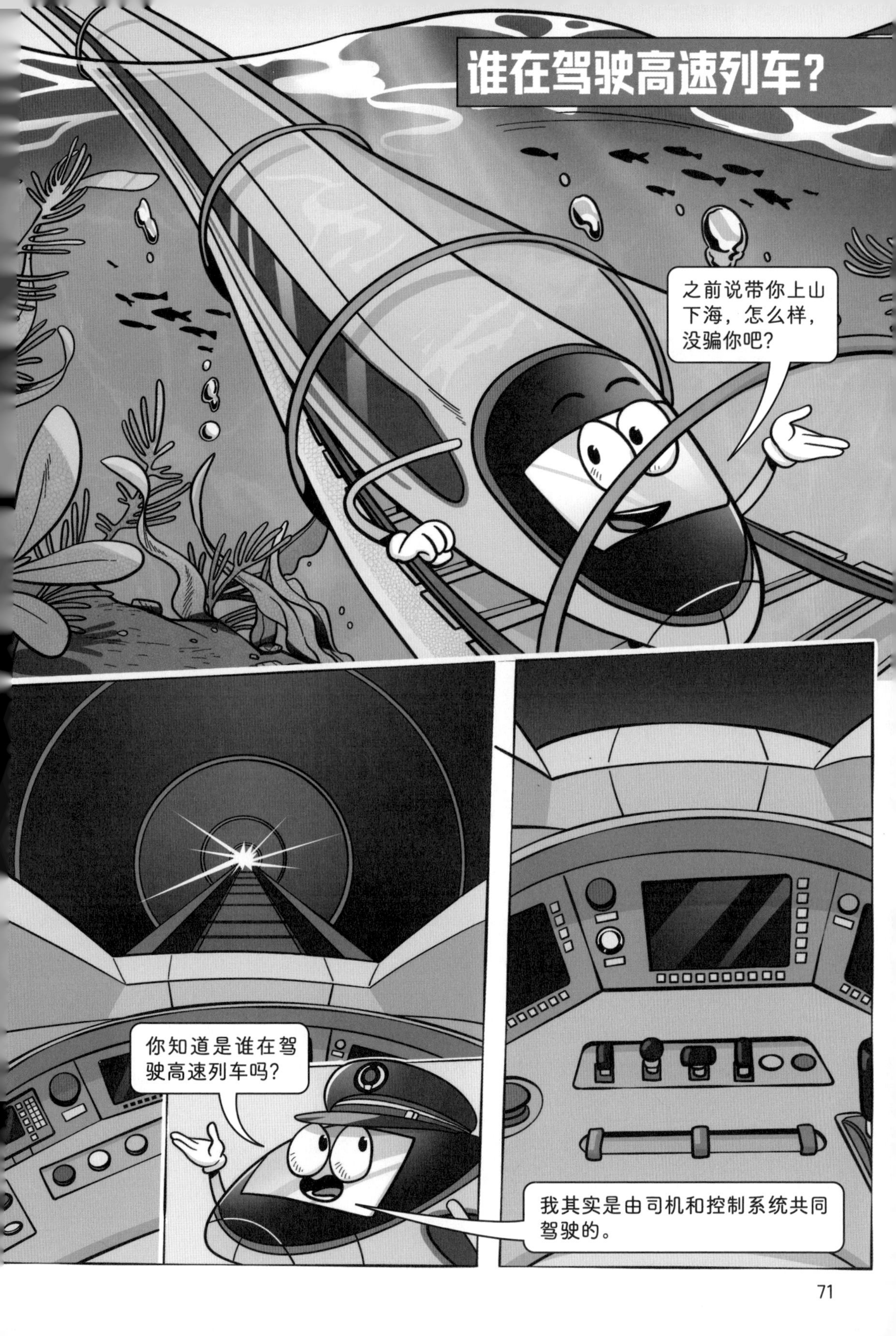

平常坐公交、坐汽车，是不是没见过控制系统？那是因为它们速度太慢，司机一个人就能控制住。
由于速度较慢，并且柏油马路阻力较大，时速 50 千米的汽车紧急刹车，只需要滑行 19 米就能停下来。
!!
停
我作为时速 350 千米的高速列车，如果瞬间刹车，需要减速滑行 6500 米。也就是说，当我遇到了紧急情况，想要把车停下，前面 6500 米之内都不能有静止的列车。
我可没有那么好的视力，能看清 6500 米之内的东西。

① CTCS是英文China Train Control System的缩写，意为中国列车控制系统。

CTCS-3 具体如何工作呢？我简单给你说说。

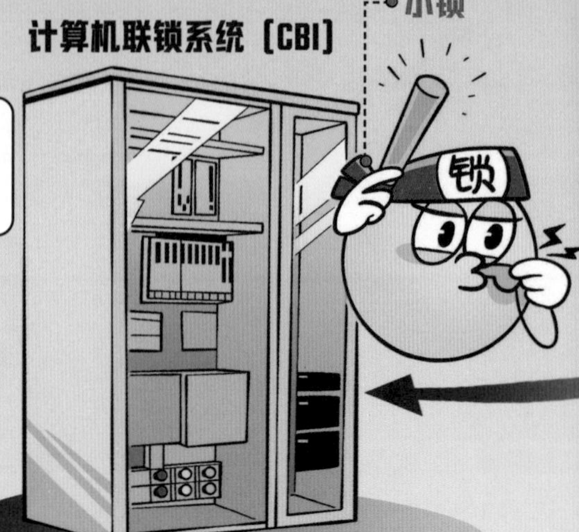

引导员小锁负责引导列车进入轨道，并将列车信息发送给小计和小算两个设备。

小计

无线闭塞中心（RBC）

计

就像你坐在春游的大巴车上，导航会提醒司机这一段路限速是多少一样。

100

由小计和小算计算出列车允许行驶的速度，分别通过无线网络和轨道电路及应答器发送给车载设备。

有源应答器

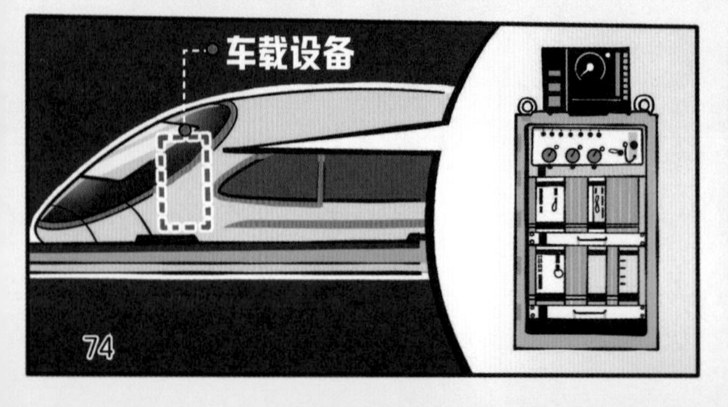

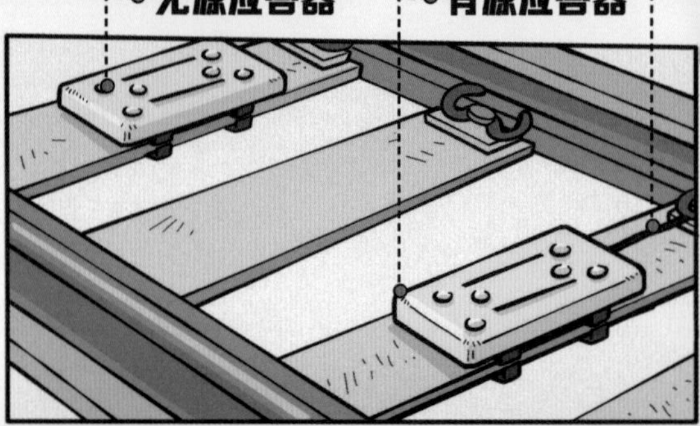

调度集中系统（CTC）
大脑
大脑
调度集中系统作为控制系统的大脑，能够依据列车时刻表给每一辆列车设计出行驶线路。
就像你的老师带你去春游之前，要向你的家长报备究竟是去哪儿一样。
小算
列车控制中心（TCC）
算

有源应答器利用一根专门的电缆与地面电子单元相连。
地面电子单元

根据收到的限速指令，车载设备画出列车被允许的速度曲线，时刻监控列车有没有超速。

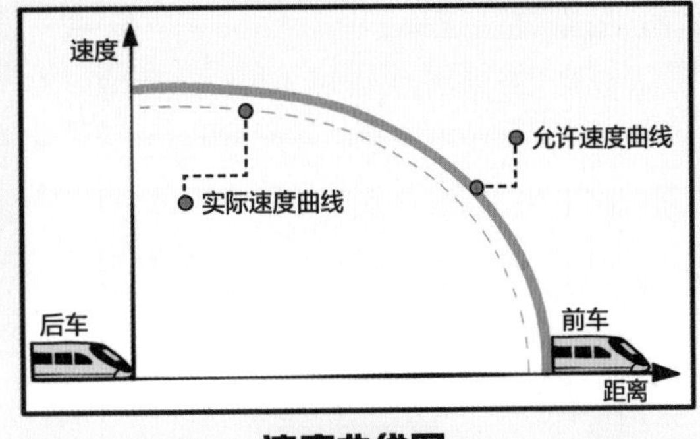
速度
实际速度曲线
允许速度曲线
后车
前车
距离

速度曲线图

高投入带来高回报
别乱动，按坏了怎么办？我可是很贵的。
真不是吹牛，我应该是你坐过的最贵的车。
“复兴号”造价约1.72亿元，高铁每千米平均造价1.61亿元。想想我们前面讲过的变电所、输电线、接触网……这些设施也都有成本。

除了第一眼看到的硬件，还有电费、建造车站的费用、工作人员工资……你说，我身价何止几亿元？
高投入带来更高的回报，我也在尽我所能建设人类社会。
人力
时间
资金
隆隆
隆……

我国是人口大国，铁路客流量之大全世界独一无二。再加上中国疆域宽广，人们出行的活动范围广，路程长。

XX站 ——→ XX站
提示
订票失败
原因：没有足够的票
高铁建造之前，人们出行相对不便，大多乘坐火车、客车，春节回家过年更是“一票难求”。

十几年前兴起的春运骑摩托车返乡人群，又称“摩托车大军”，曾是春运期间的特殊现象，其人数最高时破百万。
到底走哪条路呢？
回一趟家可真不容易！

让我来带你们回去！
好消息！随着高铁的兴建，摩托车大军已经逐渐消失了。
在 CTCS 的指导下，我国高铁已累计安全运行 92.8 亿千米，相当于绕地球 23.2 万圈，安全运送旅客 141.2 亿人次（截至 2021 年 6 月底数据）。

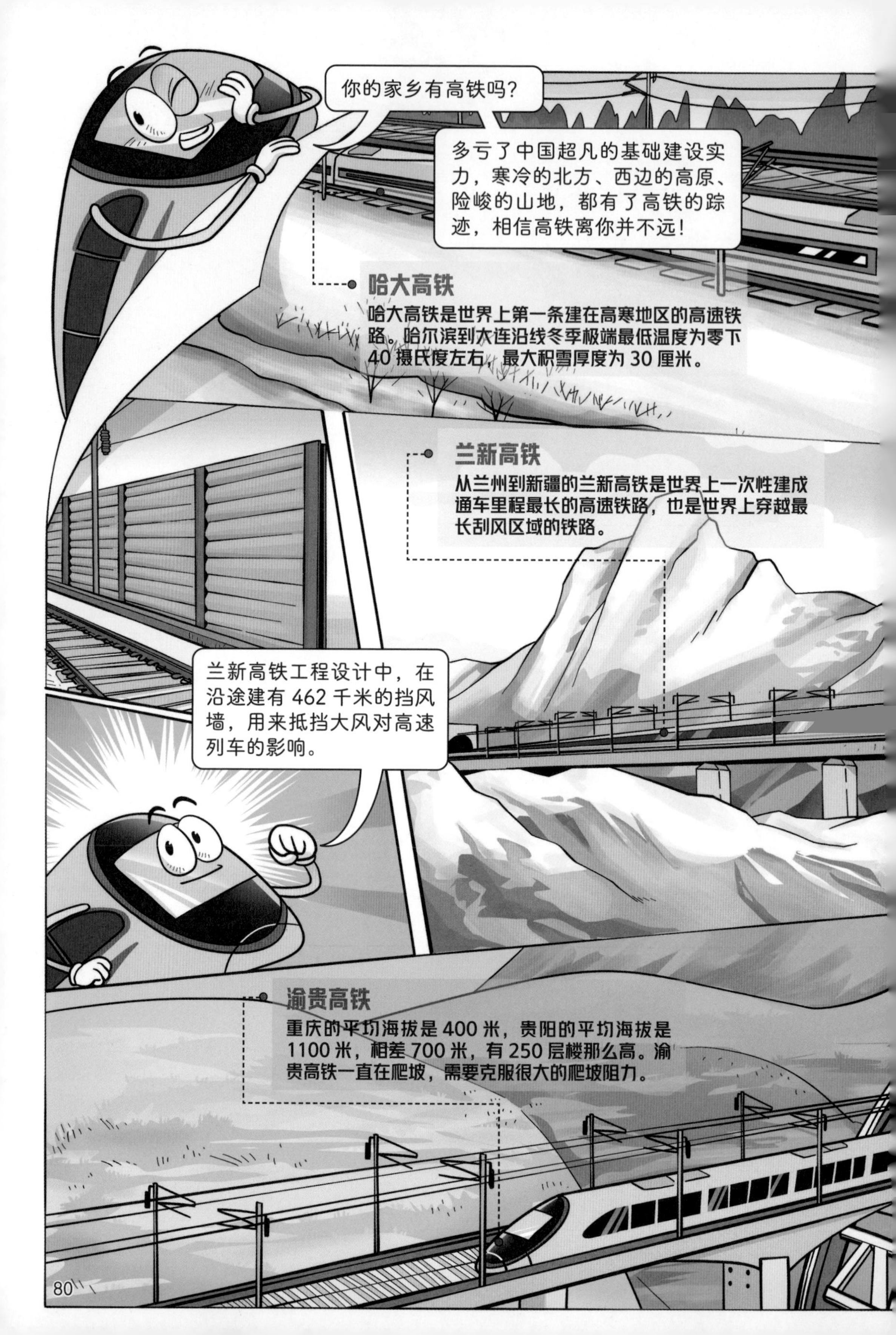
你的家乡有高铁吗？
多亏了中国超凡的基础建设实力，寒冷的北方、西边的高原、险峻的山地，都有了高铁的踪迹，相信高铁离你并不远！
哈大高铁
哈大高铁是世界上第一条建在高寒地区的高速铁路。哈尔滨到大连沿线冬季极端最低温度为零下40摄氏度左右，最大积雪厚度为30厘米。
兰新高铁
从兰州到新疆的兰新高铁是世界上一次性建成通车里程最长的高速铁路，也是世界上穿越最长刮风区域的铁路。
兰新高铁工程设计中，在沿途建有462千米的挡风墙，用来抵挡大风对高速列车的影响。
渝贵高铁
重庆的平均海拔是400米，贵阳的平均海拔是1100米，相差700米，有250层楼那么高。渝贵高铁一直在爬坡，需要克服很大的爬坡阻力。

司机可以通过拉下手柄，清除重要零件之间残留的冰雪或异物。
路段陡峭，需要特别注意对速度的控制，这是对司机驾驶技术的巨大考验。
无论你居住在哪里，高铁总有办法修建到你的身边！

有一句俗话是“要致富，先修路”，我和桥大师可以说是亲身见证。桥梁在地理上把祖国大地连在一起，高铁在时间上把祖国大地连在一起。
武汉城市群
长株潭城市圈
珠三角经济区
武广高铁开通后，人们从武汉到广州只需要3 小时，形成独一无二的“黄金走廊”，使武汉、长沙、广州三地的联系更加紧密。
上午在武汉看樱花，下午就能到广州喝茶了！

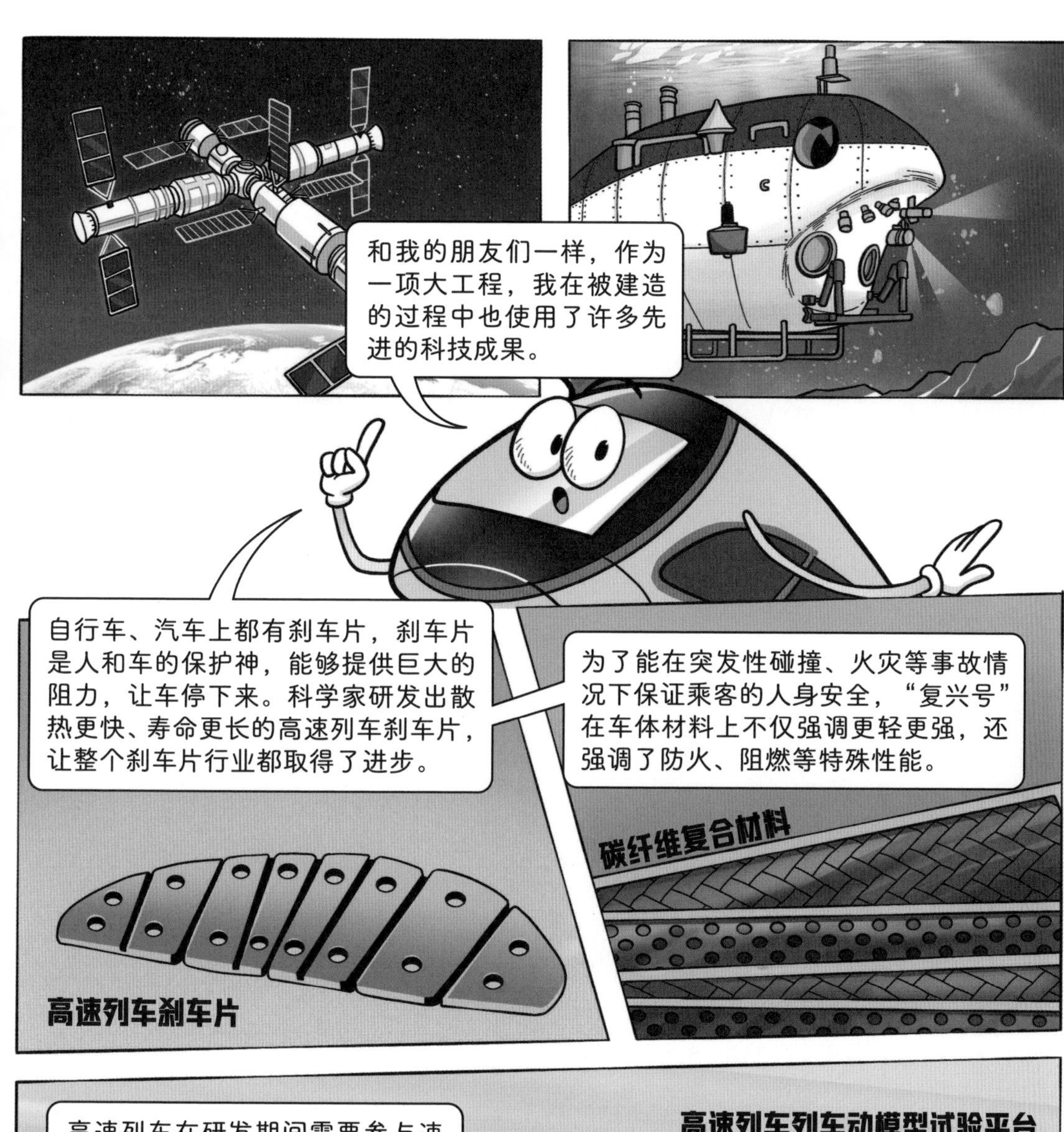
和我的朋友们一样，作为一项大工程，我在被建造的过程中也使用了许多先进的科技成果。
自行车、汽车上都有刹车片，刹车片是人和车的保护神，能够提供巨大的阻力，让车停下来。科学家研发出散热更快、寿命更长的高速列车刹车片，让整个刹车片行业都取得了进步。
为了能在突发性碰撞、火灾等事故情况下保证乘客的人身安全，“复兴号”在车体材料上不仅强调更轻更强，还强调了防火、阻燃等特殊性能。
碳纤维复合材料
高速列车刹车片

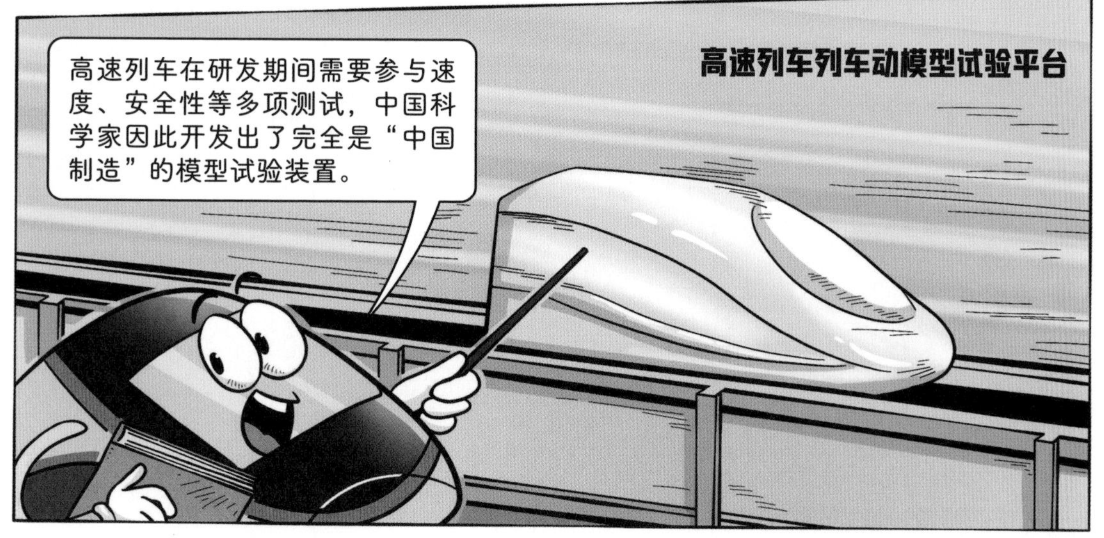
高速列车列车动模型试验平台
高速列车在研发期间需要参与速度、安全性等多项测试，中国科学家因此开发出了完全是“中国制造”的模型试验装置。

中国拥有最先进的
高铁制造技术。
中国高铁也因此走出国
门，去国外“接单”了。
2021 年 12 月 3 日，中老铁路（中国
至老挝）正式通车。这条铁路北起云
南省玉溪市，南到老挝首都万象，全
线采用中国技术标准、使用中国设备。
目前全球已有土耳其、泰
国、缅甸等 28 个国家想要
使用中国的技术建造高铁，
项目里程累计超过 5000
千米，总投资额近万亿元。

出国打工去喽！
不仅是高铁项目，关于铁路的很多零件、装置也走出国门。现在全球83％拥有铁路的国家都运行着中国制造的产品。
83％
我的愿望是，未来每个小朋友都能够坐上便宜、舒适、安全的高速列车，去往世界各地，看到不同的风景。

“超级高铁”正在研发

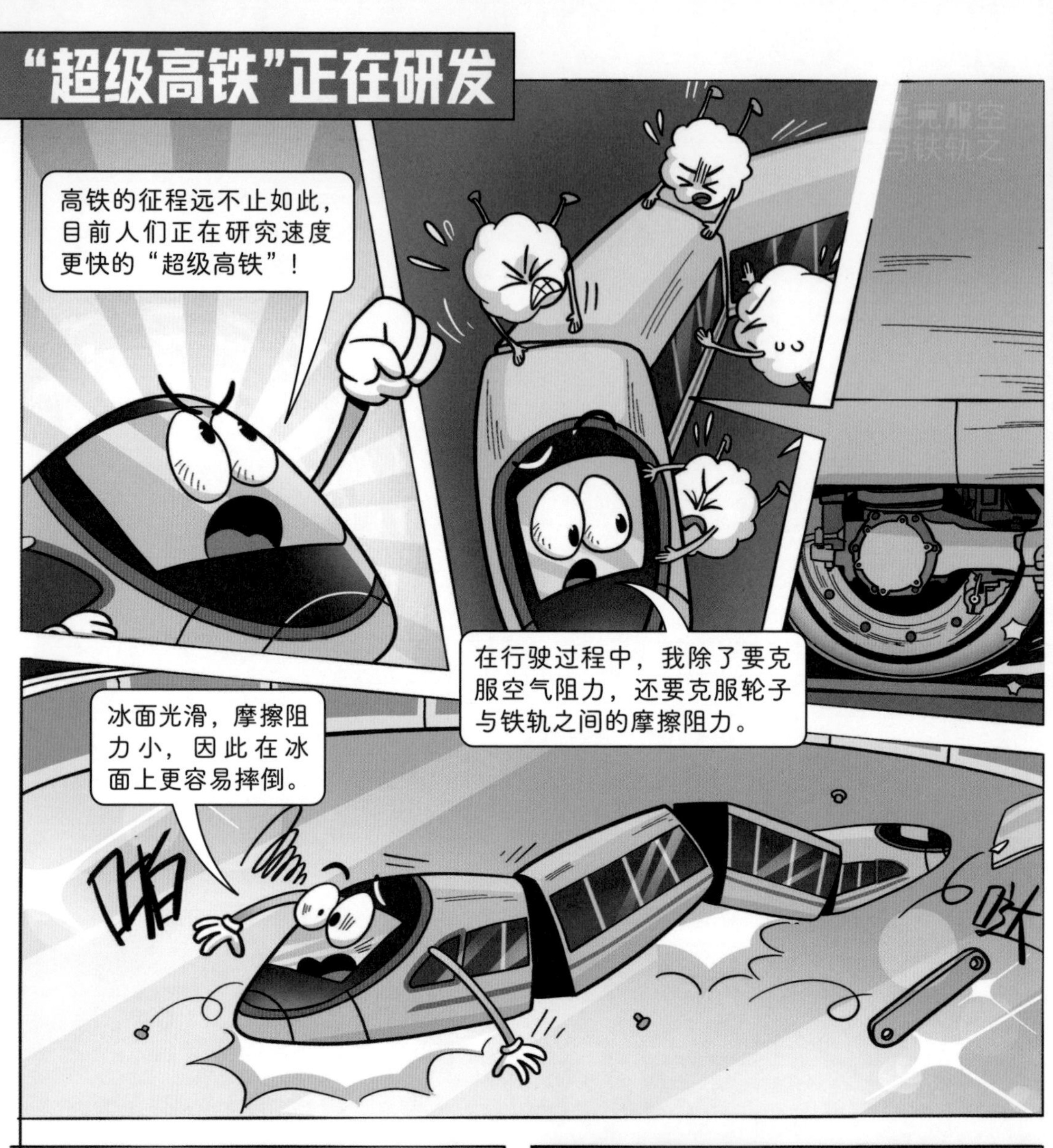

高铁的征程远不止如此，目前人们正在研究速度更快的“超级高铁”！
在行驶过程中，我除了要克服空气阻力，还要克服轮子与铁轨之间的摩擦阻力。
冰面光滑，摩擦阻力小，因此在冰面上更容易摔倒。

路面粗糙，摩擦阻力大，摔倒的风险降低。
但溜冰要比跑步快！这说明没了摩擦阻力，我会跑得更快！

磁悬浮是一种利用磁的吸引力或排斥力使物体在空中浮动的方法，我们可以利用磁悬浮让列车“飞起来”，通过消除摩擦阻力来提高列车速度。
脱离桌台的盆栽
没有轮子的滑板
不需要支架的地球仪
你在生活中或许也见到过利用磁悬浮原理制造的商品。当然，最重要的应用还是磁悬浮列车。

难道说磁悬浮列车底部和它的铁轨都是用磁铁做的吗？
N
S
在解决这个问题之前，先思考一下，你真的了解磁铁吗？
磁铁分为永久磁铁和非永久磁铁，永久磁铁是指磁性能够长期保持的磁铁，非永久磁铁是指只在特殊条件下具有磁性的磁铁。
电磁铁
天然形成的磁铁都是永久磁铁，人工也可以制造出永久磁铁。

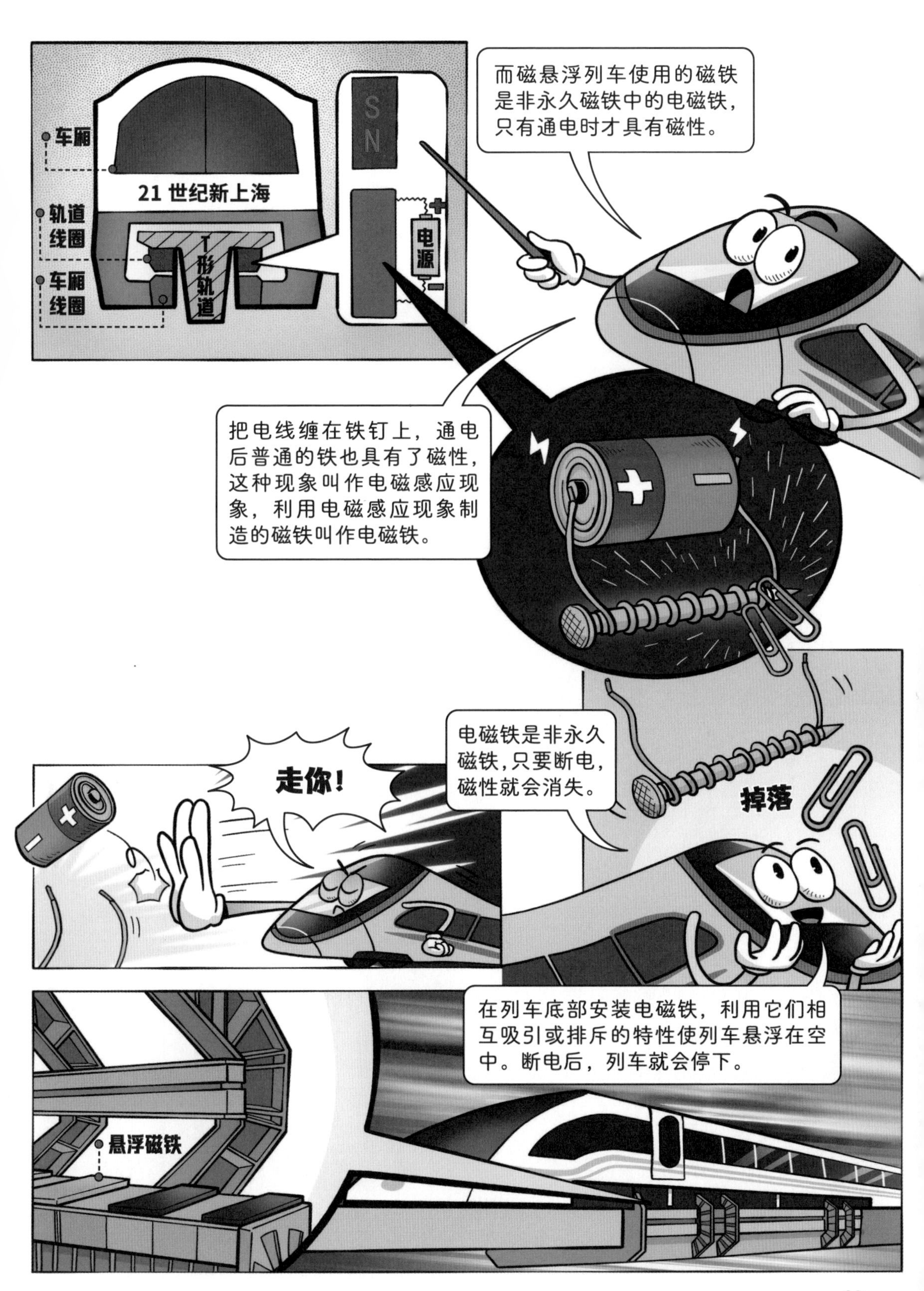
车厢
21 世纪新上海
轨道线圈
车厢线圈
T形轨道
S
N
电源
而磁悬浮列车使用的磁铁是非永久磁铁中的电磁铁，只有通电时才具有磁性。
把电线缠在铁钉上，通电后普通的铁也具有了磁性，这种现象叫作电磁感应现象，利用电磁感应现象制造的磁铁叫作电磁铁。
走你！
电磁铁是非永久磁铁，只要断电，磁性就会消失。
掉落
在列车底部安装电磁铁，利用它们相互吸引或排斥的特性使列车悬浮在空中。断电后，列车就会停下。
悬浮磁铁

在中国上海有一条磁悬浮示范运营线，最高时速可达 430 千米。
磁悬浮列车的最高时速更快，但平均速度和高速列车的差不多。中国人不满足于这样的速度，因此研发出了更快的高温超导磁悬浮列车。
高温超导磁悬浮列车
嗡嗡——
我来了！
我的时速可达 600 千米，等到技术完全成熟，最高时速能够达到 1000 千米，和飞机一样快，因此被称为“超级高铁”。

你来推我一下试试！
由于启动时速度为零，几乎没有空气阻力，也没有摩擦阻力，你单手就能把我推动。
“超级高铁”的轨道与普通铁轨大不相同，不是由普通的钢铁铸造的，而是由人工制造的永久磁铁铸造的。

我身上搭载的则是特制的电磁铁。
把氮气用加压、降温的方式变成液体，就得到了液氮。

液氮的温度大约为零下196摄氏度，常温下会迅速蒸发，吸收大量的热，使得周围空气变冷,水蒸气遇冷凝结,形成雾气。
液氮的低温能够使导线电阻降为零，这种现象称为“超导”。
我是永不衰减的超大电流！
你不要过来啊！
世界上的物质除了固态、液态、气态，还有超导态，超导态的物质显示出更加奇妙的特性：抗磁性和零电阻。
抗磁性

超导态导线的抗磁性会让它抗拒轨道磁铁，二者之间形成排斥力，使我悬浮在轨道上方。
导线电阻为零，就会产生巨大的稳定电流，产生更强的稳定磁场，提升了我的速度，也更加节约能源。
而我还能更快！
我还可以摆脱空气阻力！
嗖
嗖
科学家们计划为我打造近似真空的行驶环境，到那时，我的时速将达到惊人的4000千米！

磁悬浮列车的速度快、能耗低，未来的交通模式一定是磁悬浮模式，这是不争的事实。
这一切都需要你来实现！
小朋友，只要你好好学习，将来就能把所有高速列车都升级成“超级高铁”！
好啦，小朋友，终点站到了，你也要下车了。今天的“高铁一日游”还满意吗？记得给个五星好评！

高铁不高冷
对了，如果你以后再想来找我，知道要怎么做吗？
首先你需要登录中国铁路官方网站（https://www.12306.cn），购买高铁票。
进站口
记住你要乘坐的列车开车时间，安排好时间准时出行，去高铁站！
为了保障乘客的安全，进高铁站之前要先接受安全检查，禁止带易燃易爆物品上车。

像这种散发刺鼻气味的物品，也不能带上列车，会熏到其他乘客的。

具体哪些物品不能携带，可以参考这个册子哦！
铁路旅客禁止、限制携带和托运物品目录

接下来是排队检票时间！

滴~
现在乘坐列车已经不需要取纸质票了，检票时刷身份证就能进站。

还有 2 分钟才发车呢，快让我进去！
为了保障乘客安全上车，车站规定开车前 5 分钟停止检票。
一定要注意时间，到晚了可就无法进站了！
6站台
按照车站的提示找到对应的站台……
这样你就能找到我啦！

中国铁路发展史

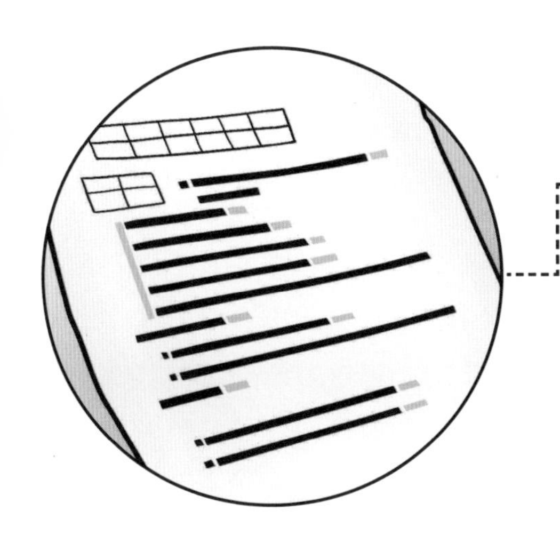

1990 年

1990 年，铁道部完成了《京沪高速铁路线路方案构想报告》，这是中国首次正式提出兴建高速铁路。

2003 年

2003 年 10 月 11 日，秦沈客运专线全段通车，设计时速为 200 千米，并预留时速为 250 千米的提速空间，这是中国第一条高速铁路。

2014 年

2014 年，中国高速铁路运营里程达到 1.6 万千米，位居世界第一。

中国铁路发展史

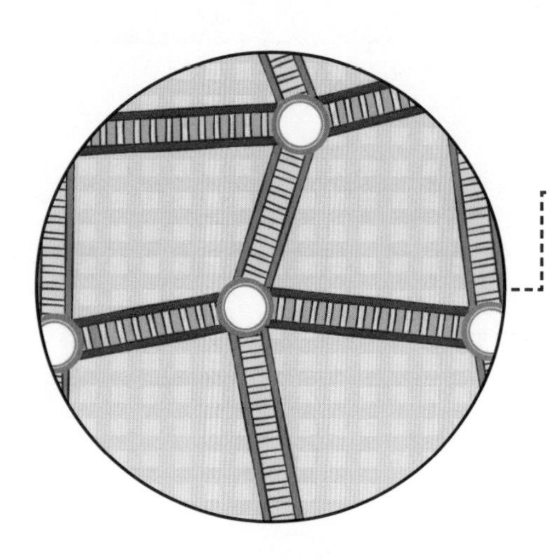

2017 年

2017 年 12 月 28 日，石济高速铁路开通运营，中国铁路“四横四纵”快速通道全部建成通车。

2020 年

2020 年年末，全国高速铁路网从“四纵四横”变为“八纵八横”，运营里程达到 3.79 万千米。

2022 年

2022 年 10 月 15 日，山西大同全尺寸超高速低真空管道磁浮交通系统“高速飞车”完成了系统性试验，成功“首航”，未来运行时速预计将达到 1000 千米。

3

电世界的超能力

电流的跋涉

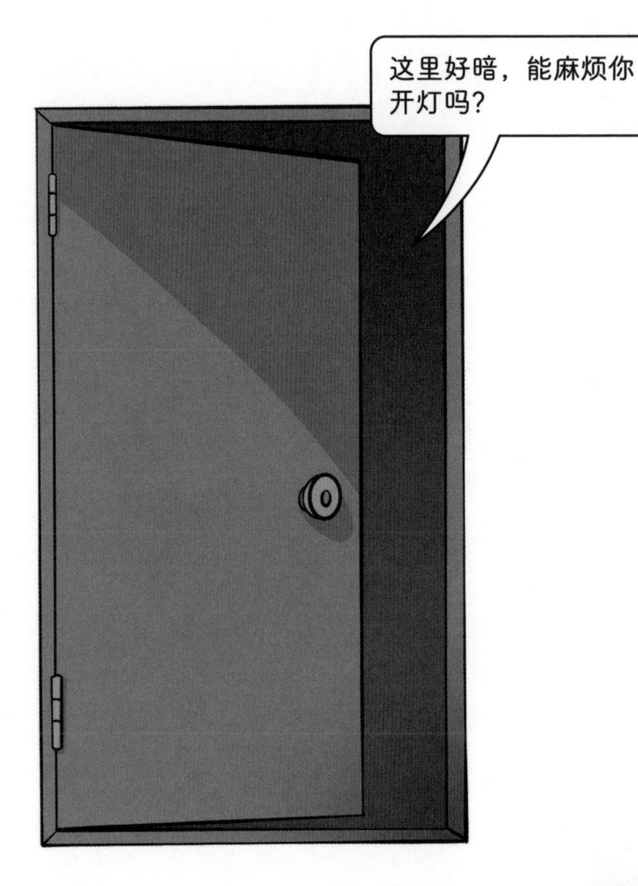

住手！
我我我……警告你……不要按！

我是电，你如果坚持要按，我……我就电你！
你知不知道，你轻轻松松按一下开关，对我和我的兄弟姐妹来说，就要开始长途跋涉……

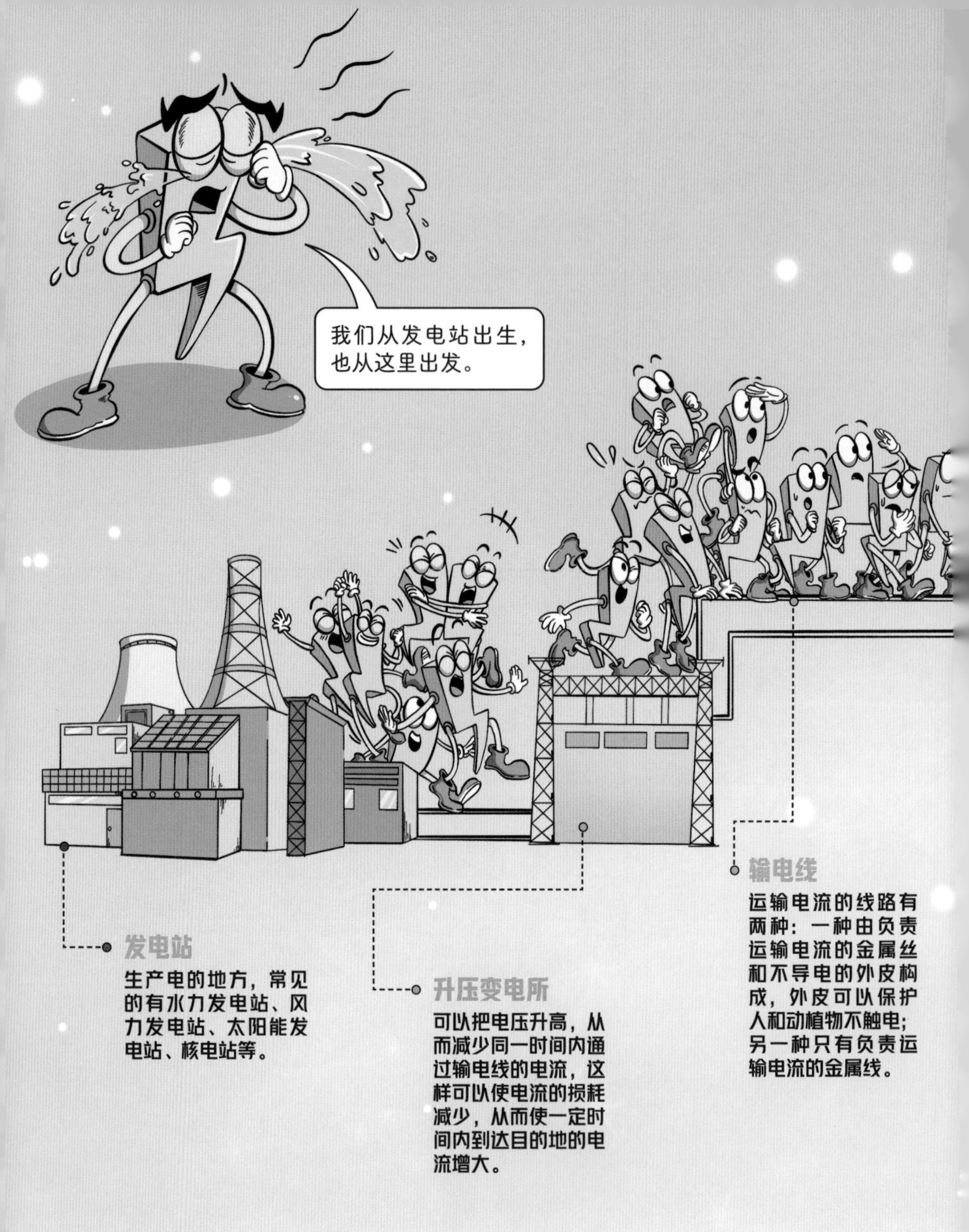

发电站

生产电的地方，常见的有水力发电站、风力发电站、太阳能发电站、核电站等。

升压变电所

可以把电压升高，从而减少同一时间内通过输电线的电流，这样可以使电流的损耗减少，从而使一定时间内到达目的地的电流增大。

输电线

运输电流的线路有两种：一种由负责运输电流的金属丝和不导电的外皮构成，外皮可以保护人和动植物不触电；另一种只有负责运输电流的金属线。

终端
电的消费者、使用者。
铁路
工厂
降压变电所
可以把电压降低，从而把符合对应电压的电送入千家万户。
商店
看起来很顺利对不对？但是这中间其实经过了千难万险，我的兄弟姐妹都牺牲了！
住宅

独特的能源分布

但是不从那么远的地方过来又行不通，毕竟中国的能源分布和电力消费主力军不在一起……

风力发电

用风的力量发电。

水力发电

用水流的高低落差发电。

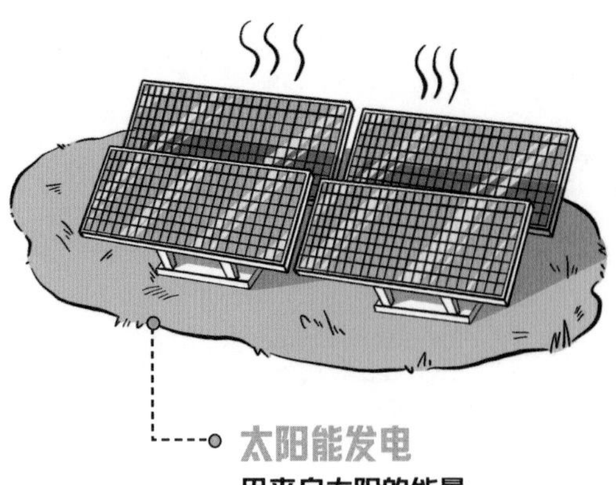

太阳能发电

用来自太阳的能量发电。

①当前我国电能主要来源于火力发电。

中国的陆上风电场主要分布在“三北”——西北、华北和东北。风从南方或北方吹来，这些区域优先接触到风。
东南沿海也有海上发电场，但陆上风电的发电量约为海上风电的 10 倍。
中国的水能主要分布在西南地区，四川更是有“水电王国”的称号。
云南的水能也很丰富，主要集中在金沙江、雅砻江、澜沧江、怒江、雅鲁藏布江、大渡河等流域。
全中国太阳能资源最充沛的地方是西藏、青海、新疆等西部地区。
青藏高原的太阳能资源最丰富，这里的平均海拔在 4000 米以上，大气层又薄又清洁，方便阳光照射。

然而，中国 75% 的电力使用都集中在东部和中部，与能源集中的西部和北部完美错过！
这就意味着，我们电流必须从西到东、从北到南，跨越大半个中国去送电！
唉，话说回来，其实最难的不是长途跋涉……
而是在路途中遇到的电阻！

事情是这样的……
我们电流就像水流，有大有小，大电流就像大河，可以运送大型游轮。
小电流就像小溪，虽然没有巨大的能量，但也可以把一艘小船从上游运送到下游。
决定电流大小的因素主要有两个：电阻和电压。
其中，电阻就是我们的敌人！
电阻

电阻存在于所有物体中，但每种物体的电阻大小不同。
说的没错，我们电阻已经称霸世界了！
啊！
别看它了，看我！
电阻的事，我们电阻自己最清楚！

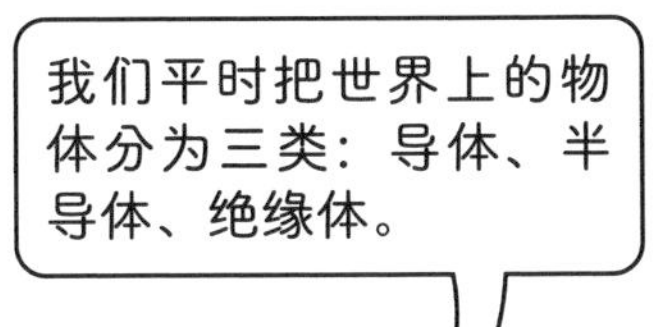
我们平时把世界上的物体分为三类：导体、半导体、绝缘体。

半导体
导电能力没有导体强，并且很容易受温度、光照等条件影响的物体，比如手机里的硅芯片。
导体
导电能力强，电流能够迅速、顺利通过的物体，比如金属、水。
绝缘体
没有导电能力，不允许电流通过的物体，比如陶瓷、橡胶。

电阻越大，我越喜欢。在我看来，绝缘体太棒了，半导体还行吧，导体太差劲。

对了，你们人体也是导体，也很差劲。

你胡说！电阻越小，导电能力越强！要是从运输电流、方便人类生活的角度看，导体第一，半导体第二，绝缘体最后！

人体是导体，所以也非常优秀！

不过，正因为人体是导体，容易有电流通过，所以你才要更加小心，不要和我们电流接触，不然会被电流击中。

我们给人类提供了很多便利，但我们也很危险，一定要安全用电！

而你……哼！我今天就要为我的兄弟姐妹报仇！
哟呵，就你这小身板，还想打败我？

我们与你们无冤无仇，但你们电阻总是阻拦我们电流前进……我们从西到东、从北到南，为了给人们送电，一路上都要和你们战斗……
要想过此路，留下买路财！
有那么多兄弟姐妹都牺牲了，变成热量消散在空气中，没能走到终点……
好累……你怎么……完全没受伤？
哼，不是我说，你们电流既然拿我们电阻没办法，干吗不从电阻小的地方走，非要和我们正面“刚”？

你以为我们不想吗？！为了减小电阻，我们给手机充电的时候走的都是铜导线，铜的电阻已经非常小了！
那你们都用铜做导线不就得了。
你知道铜有多贵吗？在短距离的数据线上使用没问题，但是我们走的更多的是几千米的输电线，哪有那么多钱……
原来是这么回事啊！那你报仇可找错人了，我不是铝合金里的电阻。
所以我们只能退而求其次，选择电阻比铜大一些，但价钱便宜许多的铝合金材料。

你是哪里的电阻都一样，电阻是我们电流共同的敌人！
说得没错！
哪儿冒出来这么多电流？！
各位，电阻总是阻挡我们前进，为了和他们战斗，我的兄弟姐妹都变成热量消散了！
我也是！
我也是！我的兄弟姐妹也都牺牲了！
我们不能就这么算了，要找电阻报仇！
报仇！
报仇！
你玩游戏的时候手机和电脑会发烫对不对？那其实就是在电阻的阻挠下，我们电流转化成热能，消散到空气里的证据！

停！
你有没有想过一个问题，其实你们只要待在家别动，就不用出门和我们战斗了，你的兄弟姐妹也就不用牺牲了。

你们这是什么行为？“明知山有虎，偏向虎山行”……
就像水会从高处流向低处一样，咱们电流也会流动，从而为人类社会提供便利！
是啊，我们为什么非要长途跋涉呢？
它说的好像有点儿道理……

说得没错！
我来帮你们！
大家别怕，我是特高压！
什么是……特高压？

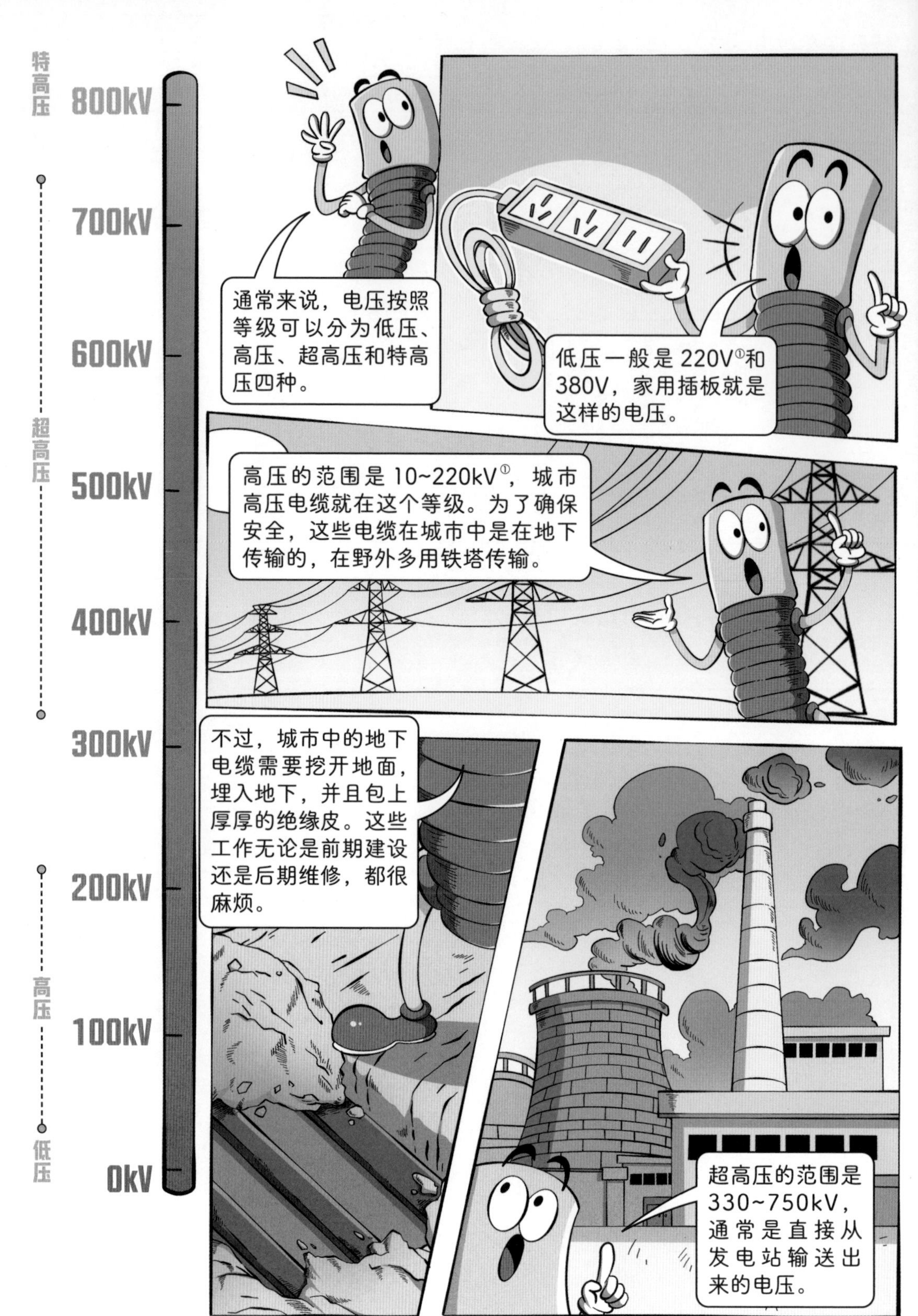

①V（伏）和kV（千伏）都是表示电压的单位，1kV=1000V。

①交流电和直流电是电的两种类型。交流电指的是大小和方向做周期性变化的电流；直流电指的是在一定时间内，大小和方向不变的电流。

强壮与智慧并存

我不仅可以用更大的力气推动电流，而且可以使电流更安全地通过电阻，这样就可以减少电流在运输过程中的损耗，从而在一定时间内输送更多的电流到达终点。

严谨一点，我们用数据说话：我一次性可以运送多于超高压 3 倍的电量，减少 45% 的损耗，最远输电距离能提升 2.5 倍！
超高压
有必要这么对我吗？
我懂了，你是大力士。
可是你怎么才来啊？我们电流已经吃了这么多年的苦，经过了这么多场危险的战斗……
哎呀，你别哭呀！

增大电压的难点
你是不知道，我为了赶过来，一路“升级打怪”……
闪电是我的第一个对手。我的电压可以达到 1000kV，但闪电的电压是我的 1000~10000 倍，过高的电压使闪电可以轻易击穿空气，击中地面的物体。
闪电总是到处乱劈，有时候会击中大树，把大树劈成两半。
闪电
第一回合
有时候也可能击中我的特高压输电线！

获得装备
避雷器
一旦被闪电击中，大量的电能会瞬间注入输电线，损坏整个输电系统。因此，必须要利用避雷器把闪电引向大地。

电压
第二回合
利用新能源发电具有很强的不确定性，因为人们无法控制大自然所给予的风力、光照和水流的强度，因此，我需要解决电压不稳的问题。

电压不稳会使整个电网里的设备无法稳定运行，影响各种设备的使用寿命。严重时，还会造成家庭和工厂、医院等单位电路跳闸，无法用电。

为了解决这一问题，我必须要借助电抗器的力量。电抗器就像一位太极大师，可以通过神奇的磁场抑制不稳定的电压带来的冲击。

普通的电抗器只能应对普通的电压冲击，我准备的是将近 100 吨的“重量级”电抗器！
电抗器

K.O!!!
这是中国西电集团为首个特高压工程（晋东南—南阳—荆门特高压交流试验示范工程）制造的特高压电抗器，也只有中国造得出这种规模的电抗器！

我的第二个对手是
我自己。

闪电可以凭借超高的电压击穿空气，我的特高压也一样可以击穿空气。

一旦击穿空气……

输电系统中的电流就会回到输电塔，造成短路。
溜了溜了！

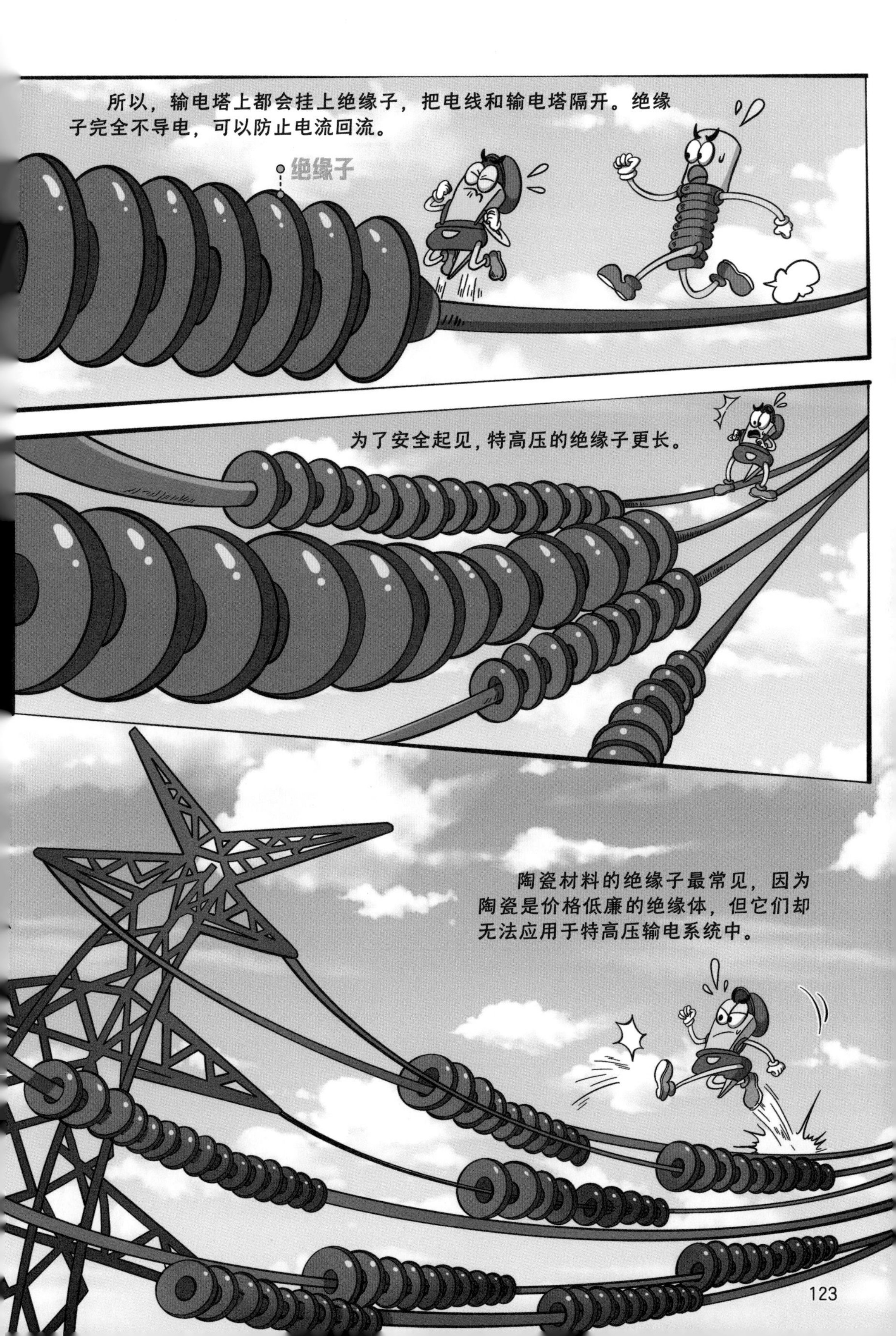
所以，输电塔上都会挂上绝缘子，把电线和输电塔隔开。绝缘子完全不导电，可以防止电流回流。
绝缘子
为了安全起见，特高压的绝缘子更长。
陶瓷材料的绝缘子最常见，因为陶瓷是价格低廉的绝缘体，但它们却无法应用于特高压输电系统中。

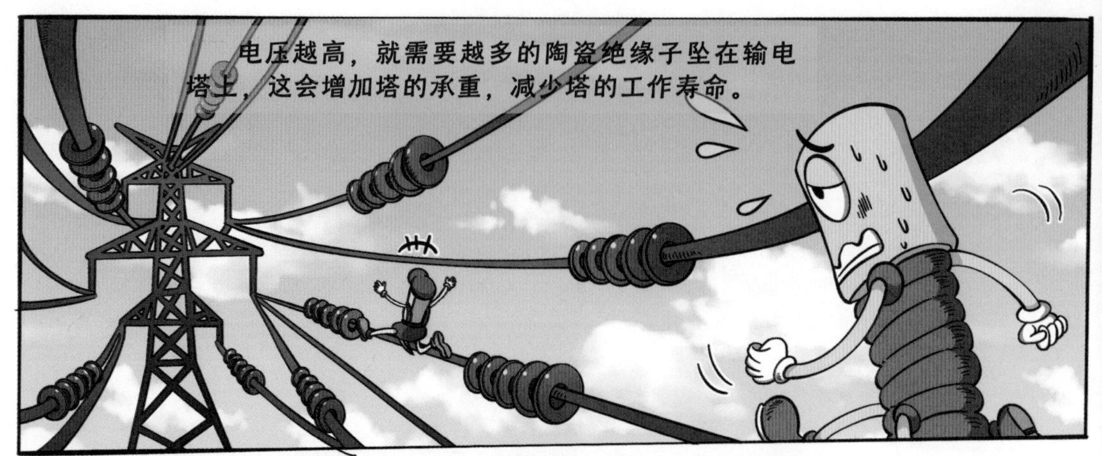
电压越高，就需要越多的陶瓷绝缘子坠在输电塔上，这会增加塔的承重，减少塔的工作寿命。

复合材料绝缘子
由于长期处于室外，绝缘子上会有很多灰尘，这些灰尘遇到水分容易变成导电体，在高压环境下出现强烈的放电现象，产生的火花会损坏绝缘子表面。

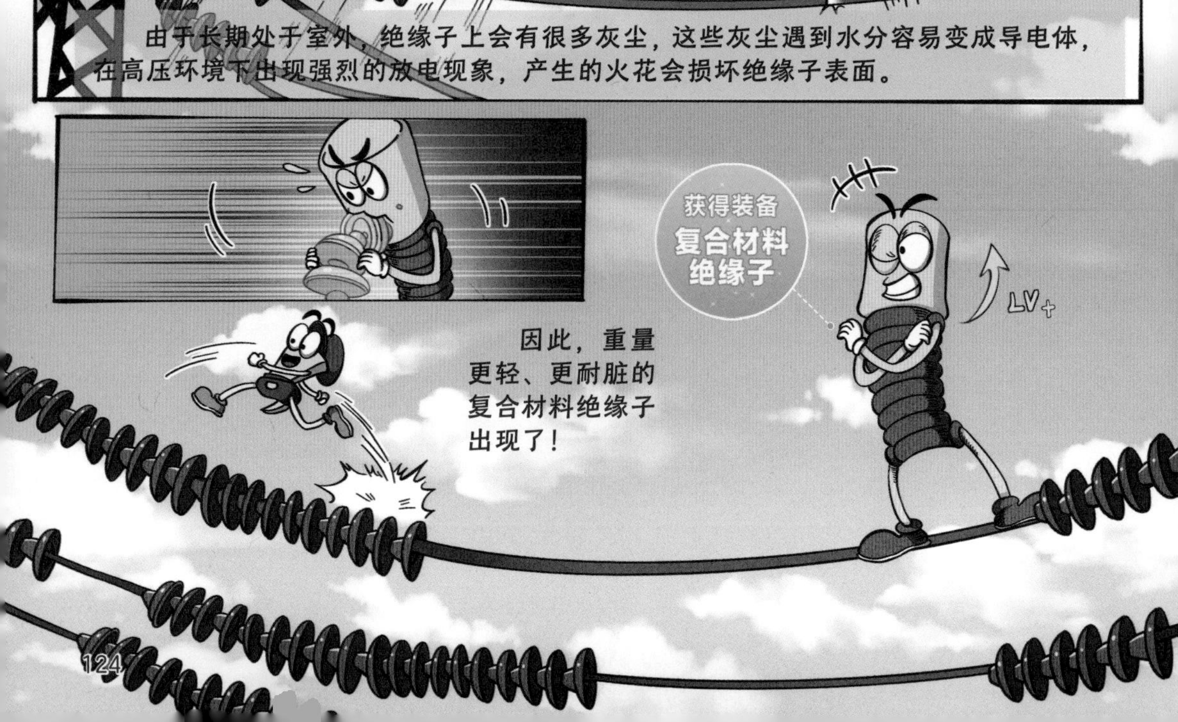
获得装备
复合材料绝缘子
LV+
因此，重量更轻、更耐脏的复合材料绝缘子出现了！

复合材料包含陶瓷材料和高分子材料，结合了陶瓷的绝缘和高分子的轻便性能。

完了！过不去了！

通关成功
现在，中国的复合绝缘子制造已经达到世界领先水平！

我的第三个对手是电线。
01:30
计时挑战赛

因为电压太高，我能击穿输电线周围的空气，这些电能会转化成光能和声能，发出蓝光和声响。
01:29

01:00
虽然看起来“一路火花带闪电”，又酷又炫，但实际上却浪费了不少电能。

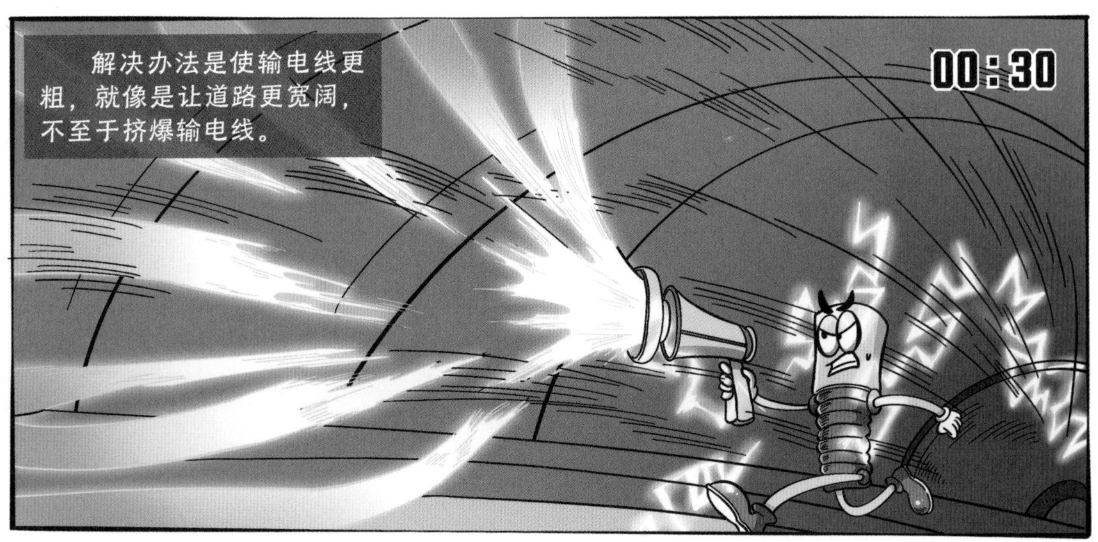
解决办法是使输电线更粗，就像是让道路更宽阔，不至于挤爆输电线。
00:30

00:20
八分裂导线
这就是由中国自主研发的八分裂导线！

00:01
挑战成功！

不过，一切都过去了，现在我不仅成功来到了你身边，还顺便帮助国外的同胞顺利与电流会合……
国外？
巴西。因为巴西的能源和用电情况跟咱们中国很相似，所以特高压技术就率先出口到了巴西。
巴西拥有世界上最丰富的生物资源和最严格的环保法，而我结合当地的环境给出了绝佳方案，把动植物们都保护得很好！我的安全性是毋庸置疑的！

全球电网的畅想
不瞒你说，我现在有一个宏大的计划——全球能源互联网！
2015 年，中国国家电网首次提出这个跨越全球的电网项目，主要是为了解决发电潜力高的地区大多地处偏远的问题。
2016 年 3 月 29 日，由中国国家电网等发起的全球能源互联网发展合作组织在北京成立，来自 22 个国家的 265 个企业、行业协会和科研机构都参与了。
全球能源互联网发展合作组织
首页
GEI
GEIDCO
会议与咨询
会员与伙伴
创新成果
专业刊物

在我的畅想中，非洲、南美洲、澳大利亚、亚欧大陆、北美洲北部的太阳能发电基地、风能发电基地，都将提供特高压输电技术，向欧洲、亚洲、北美洲等能源需求大的地区供电，并以特高压输电线路连接成全球电力网！
到时候，全球电力的分配会更加合理，价格也会降下来，贫穷地区和偏远地区的小朋友也不用担心用电问题啦！
哇——

这个计划太棒了！
我要加入！
？
加入！
加入！
加入！
情况不妙，我还是先撤吧！
跑起来吧！
去送电！
有了特高压输电技术，我再也不怕电阻了，你开灯吧！

安全用电手册

没有成人的情况下，不乱摆弄电器设备。

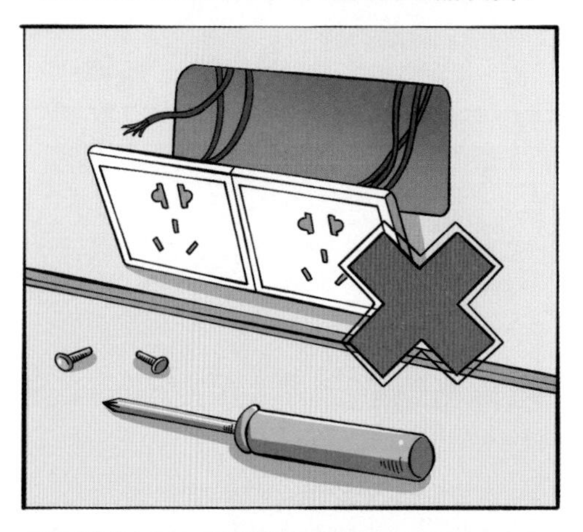

不要随意拆卸、安装电源线路、插座、插头等。

发现有人触电后，不要用手直接接触触电的人，要尽快呼喊成年人处理。

见到脱落的电线要躲远，不要靠近，更不要用手碰。

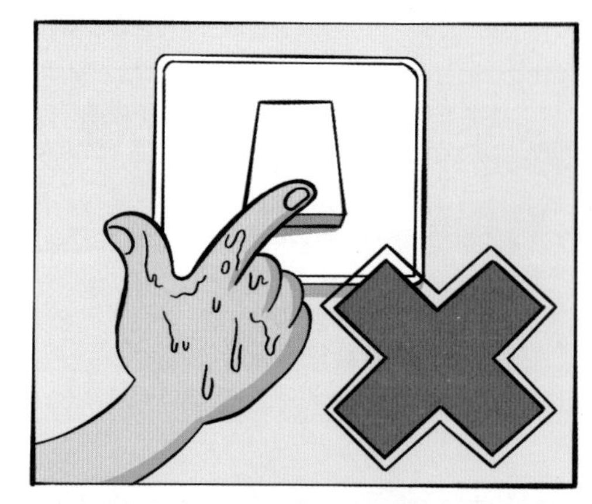

水也是导电的，电器用品不能沾水。不要用湿手触摸电器，不用湿布擦拭电器。

凡是金属制品，都是导电的，千万不要用这些工具直接与电源接触。

中国电力发展史

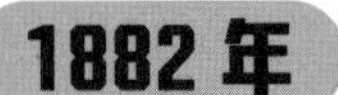

1882 年

7 月 26 日，英国商人开办的“上海电光公司”开始发电，这是我国正式发电的第一座电厂，也是世界上最早的发电厂之一。

1912 年

中国建成了第一座水电站，位于云南石龙坝。

1991 年

中国建成了第一座核电站——秦山核电站。

中国成为世界上第 7 个可以自主设计、建造核电站的国家

2009 年

晋东南—南阳—荆门 1000 千伏特高压交流试验示范工程在中国投运。

世界上电压等级最高的输电工程

中国电力发展史

2011 年

中国发电量跃居世界第一。

2012 年

中国建成了全世界最大的水电站——三峡水电站，标志着中国的水电技术水平达到世界前列。

2016 年

准东—皖南 ±1100 千伏特高压直流输电工程开工建设。

世界上电压等级最高、输送容量最大、输送距离最远、技术水平先进的特高压输电工程

2018 年

12 月 31 日，准东—皖南 ±1100 千伏特高压直流输电工程全压送电成功，实现世界最高电压工程应用。

截至 2022 年年底，中国已累计建成 30 多项特高压工程，特高压工程累计线路长度约达 4.46 万千米。

中国成为世界首个，也是唯一成功掌握并实际应用特高压这项尖端技术的国家——不仅全面突破了特高压技术，率先建立了完整的技术标准体系，而且自主研制了全套特高压设备，实现了跨越式发展。

作者团队

米莱童书 | 米莱童书 点亮孩子的未来

米莱童书是由国内多位资深童书编辑、插画家组成的原创童书研发平台。旗下作品曾获得2019年度“中国好书”，2019、2020年度“桂冠童书”等荣誉；创作内容多次入选“原动力”中国原创动漫出版扶持计划。作为中国新闻出版业科技与标准重点实验室（跨领域综合方向）授牌的中国青少年科普内容研发与推广基地，米莱童书一贯致力于对传统童书进行内容与形式的升级迭代，开发一流原创童书作品，适应当代中国家庭更高的阅读与学习需求。

策 划 人： 刘润东　魏　诺

统筹编辑： 王　佩

原创编辑： 王　佩　张婉月　王曼卿

漫画绘制： 王婉静　吴　帆　刘环悦　李元慧　罗雅馨　金灿灿　王美淇　辛　洋

装帧设计： 辛　洋　张立佳　刘雅宁　马司文　苗轲雯　汪芝灵

专家审读： 张新生　中国铁路总公司教授级高级工程师
杜二虎　河海大学水科学研究院，教授

图书在版编目（CIP）数据

了不起的中国工程成就 / 米莱童书著绘. -- 北京 : 北京理工大学出版社, 2024.4

（启航吧知识号）

ISBN 978-7-5763-3407-4

Ⅰ. ①了… Ⅱ. ①米… Ⅲ. ①科学技术–少儿读物 Ⅳ. ①N49

中国国家版本馆CIP数据核字(2024)第012202号

出版发行 / 北京理工大学出版社有限责任公司
社 址 / 北京市丰台区四合庄路 6 号
邮 编 / 100070
电 话 / （010）82563891（童书售后服务热线）
网 址 / http: //www. bitpress. com. cn
经 销 / 全国各地新华书店
印 刷 / 雅迪云印（天津）科技有限公司
开 本 / 710毫米 × 1000毫米 1 / 16
印 张 / 8.5
字 数 / 250千字
版 次 / 2024年4月第1版 2024年4月第1次印刷
定 价 / 34.00元

责任编辑 / 张 萌
文案编辑 / 徐艳君
责任校对 / 刘亚男
责任印制 / 王美丽

图书出现印装质量问题，请拨打售后服务热线，本社负责调换